# 计算机网络技术与应用研究

赵　友　鲍树国　著

天津出版传媒集团

天津科学技术出版社

图书在版编目（CIP）数据

计算机网络技术与应用研究 / 赵友, 鲍树国著. --
天津：天津科学技术出版社, 2023.7
　ISBN 978-7-5742-1474-3

　Ⅰ . ①计… Ⅱ . ①赵… ②鲍… Ⅲ . ①计算机网络 –
研究 Ⅳ . ①TP393

　中国国家版本馆CIP数据核字(2023)第139602号

计算机网络技术与应用研究
JISUANJI WANGLUO JISHU YU YINGYONG YANJIU

责任编辑：刘　磊
责任印制：王品乾

出　　版：**天津出版传媒集团**
　　　　　天津科学技术出版社
地　　址：天津市西康路35号
邮　　编：300051
电　　话：（022）23332397
网　　址：www.tjkjcbs.com.cn
发　　行：新华书店经销
印　　刷：河北万卷印刷有限公司

开本 710×1000　1/16　印张 15.5　字数 205 000
2024年1月第1版第1次印刷
定价：88.00元

# 前　言

　　21世纪是以网络为核心的信息时代，计算机网络已深入社会生活的各个方面，它为信息的传播和接收提供了便利渠道，大大提高了信息传播的速度，使人们的工作效率得到显著提升。在过去的几十年里，计算机网络取得了长足的发展，尤其是最近几年，互联网技术的广泛应用，对科学、技术乃至整个社会的发展产生了极大的影响；计算机网络的应用、研究和开发也越来越受到社会各行各业的广泛关注。

　　首先，本书从计算机网络的基本理论出发，在深度把握计算机网络的形成与发展的基础上，进一步阐述了计算机网络的功能与组成、体系结构等内容，为后边的阐述奠定了基础。其次，本书对计算机网络的关键技术进行了详细的分析，包括网络数据通信、物理层、局域网、数据链路层、网络层等。最后，本书通过实际案例对计算机网络的应用进行了进一步的探究。本书以理论研究为基础，力求对计算机网络技术与应用进行全方位、立体化的分析，以期为计算机网络的建设贡献微薄之力。本书共20万字，赵友编写12万字，鲍树国编写8万字。

　　本书具有较强的应用价值，可供从事相关工作的人员作为参考用书使用。

# 目　录

第1章　计算机网络技术概述　/　001

1.1　计算机网络的形成与发展　/　001

1.2　计算机网络的组成　/　003

1.3　计算机网络的特点　/　010

1.4　计算机网络的分类　/　012

1.5　计算机网络的功能　/　020

第2章　数据通信基础　/　023

2.1　数据通信系统简述　/　023

2.2　传输介质的主要特性分析　/　030

2.3　数据关键技术　/　039

2.4　差错控制技术　/　048

2.5　数据通信网的结构　/　053

2.6　数据通信网的分类　/　055

第3章　计算机网络体系结构　/　056

3.1　计算机网络体系结构简述　/　056

3.2　OSI 参考模型　/　061

3.3　TCP/IP 体系结构　/　067

3.4　OSI 参考模型与 TCP/IP 参考模型比较　/　074

第 4 章　局域网组技术及其应用　/　076

　　4.1　局域网概述　/　076

　　4.2　交换式局域网　/　080

　　4.3　网络操作系统　/　086

　　4.4　局域网组技术应用　/　088


第 5 章　网络互联技术及其应用　/　100

　　5.1　网络互联概述　/　100

　　5.2　路由器技术　/　125

　　5.3　第三层交换技术　/　138

　　5.4　虚拟局域网技术　/　142

　　5.5　网络互联技术的应用　/　150


第 6 章　计算机网络安全与网络管理技术探究　/　157

　　6.1　数据加密技术　/　157

　　6.2　防火墙技术　/　171

　　6.3　网络管理技术　/　173

　　6.4　网络安全扫描技术　/　189


第 7 章　计算机网络技术应用案例　/　193

　　7.1　校园宿舍分布式多级无线网络设计与实现　/　193

　　7.2　虚拟局域网环境探测系统设计与实现　/　215


参考文献　/　237

# 第 1 章　计算机网络技术概述

## 1.1　计算机网络的形成与发展

计算机网络最早出现于 20 世纪 50 年代，是通过通信线路将远方终端资料传送给主计算机处理，形成的一种简单的联机系统。随着计算机技术和通信技术的不断发展，计算机网络也经历了从简单到复杂、从单机到多机的发展过程，其演变过程主要可分为以下四个阶段。

### 1.1.1　第一阶段：计算机网络技术与理论准备阶段

第一阶段（始于 20 世纪 50 年代）的特点与标志性成果主要表现在以下方面。

（1）数据通信技术日趋成熟，为计算机网络的形成奠定了技术基础。

（2）分组交换概念的提出，为计算机网络的研究奠定了理论基础。

### 1.1.2　第二阶段：计算机网络的组成

第二阶段（始于 20 世纪 60 年代）出现了阿帕网（ARPANET）与分组交换技术。ARPANET 是计算机网络技术发展中的一个里程碑，它的研究对网络技术的发展和理论体系的形成起到了重要的推动作用，并为因特网（Internet）的形成奠定了坚实的基础。这个阶段出现了标志性的成果。

（1）ARPANET 的成功运行证明了分组交换理论的正确性。

（2）TCP/IP 的广泛应用为更大规模的网络互联奠定了坚实的基础。

（3）E-mail、FTP、TELNET、BBS 等应用展现出网络技术广阔的应用前景。

### 1.1.3　第三阶段：网络体系结构的研究

在第三阶段（始于 20 世纪 70 年代），国际上的各种广域网、局域网与公用分组交换网技术发展迅速，各个计算机生产商纷纷发展自己的计算机网络，提出了各自的网络协议标准。网络体系结构与协议的标准化研究，对更大规模的网络互联起到了重要的推动作用。

国际标准化组织（ISO）在推动"开发系统互联（OSI）参考模型"与网络协议标准化研究方面做了大量工作，同时它面临着 TCP/IP 的严峻挑战。这个阶段研究成果的重要性主要表现在以下几个方面。

（1）OSI 参考模型的研究对网络理论体系的形成与发展，以及在网络协议标准化研究方面起到了重要的推动作用。

（2）TCP/IP 经受了市场和用户的检验，吸引了大量的投资，推动了 Internet 应用的发展，成为业界标准。

### 1.1.4　第四阶段：Internet 应用、无线网络与网络安全技术研究的发展

第四阶段（始于 20 世纪 90 年代）的特点是出现向互联、高速方向发展的计算机网络。这个阶段的特点主要表现在以下方面。

（1）Internet 作为全球性的国际网与大型信息系统，在当今政治、经济、文化、科研、教育与社会生活等方面发挥了越来越重要的作用。

（2）Internet 的大规模接入推动了接入技术的发展，促进了计算机网络、电信通信网与有线电视网的"三网融合"。

（3）无线个人区域网、无线局域网与无线城域网技术日趋成熟，并

已进入应用阶段。无线自组网、无线传感器网络的研究与应用受到了高度重视。

（4）在 Internet 应用中，数据采集与录入从人工方式逐步扩展到自动方式，通过射频标签 RFID、各种类型的传感器与传感器网络，以及光学视频感知与摄录设备，能够方便、自动地采集各种物品与环境信息，拓宽了人与人、人与物、物与物之间更为广泛的信息交互，促进了物联网技术的形成与发展。

（5）随着网络应用需求的快速增长，社会对网络安全问题的重视程度也越来越高。

## 1.2　计算机网络的组成

完整的计算机网络系统是由网络硬件系统和网络软件系统组成的。下面仅以基于 CIS 模式的计算机网络为例进行说明。

### 1.2.1　计算机网络的硬件组成

计算机网络硬件系统是由服务器、客户机、通信处理设备和通信介质组成的。其中，服务器和客户机是构成网络边缘的主要设备，通信处理设备和通信介质是构成网络核心的主要设备。

1. 服务器

服务器一般是一台高配置（诸如 CPU 速度快、内存和硬盘的容量高等）的计算机，它为客户机提供服务。按照服务器所能提供的资源来区分，可分为文件服务器、打印服务器、应用系统服务器和通信服务器等。在实际应用中，常把几种服务集中在一台服务器上，这样一台服务器就能执行几种服务功能。例如，将文件服务器连接到网络共享打印机，此服务器就能作为文件和打印服务器使用。

文件服务器在网络中起着非常重要的作用。它负责管理用户的文件资源，处理客户机的访问请求，将相应的文件下载到某一客户机。为了保证文件的安全性，常为文件服务器配置磁盘阵列或备份的文件服务器。

打印服务器负责处理网络中用户的打印请求。一台或几台打印机与一台计算机相连，并在计算机中运行打印服务程序，使得各客户机都能共享打印机，这就构成了打印服务器。还有一种网络打印机，内部装有网卡，可以直接与网络的传输介质相连，作为打印服务器使用。

应用系统服务器是运行 C/S 应用程序的服务器端软件，该服务器一般保存着大量信息供用户查询。应用系统服务器处理客户端程序的查询请求，只将查询结果返回给客户机。

通信服务器负责处理本网络与其他网络的通信，以及远程用户与本网的通信。

2. 网卡

网卡又名网络适配器（Network Interface Card，NIC）。它是计算机和网络线缆之间的物理接口，是一个独立的附加接口电路。任何的计算机要想连入网络都必须确保在主板上接入网卡。因此网卡是计算机网络中最常见也是最重要的物理设备之一。网卡的作用是将计算机要发送的数据整理分解为数据包，并转换成串行的光信号或电信号送至网线上传输；同样也把网线上传过来的信号整理转换成并行的数字信号，提供给计算机。因此网卡的功能可概括为：并行数据和串行信号之间的转换、数据包的装配与拆装、网络访问控制和数据缓冲等。现在流行的无线上网，则需要无线网卡。

3. 通信介质

通信介质又称传输介质，用于连接计算机网络中的网络设备，一般可分为有线传输介质和无线传输介质两大类。常用的有线传输介质是双绞线、同轴电缆和光导纤维，常用的无线传输介质是微波、激光和红外线等。

### 4. 调制解调器

调制解调器，是计算机与电话线之间进行信号转换的装置，它可以完成计算机的数字信号与电话线的模拟信号的互相转换。使用调制解调器可以让计算机接入电话线，并利用电话线接入因特网。由于电话的使用远远早于因特网，所以电话线路系统早已渗入千家万户，并且非常完善和成熟。如果利用现有的电话线上网，可以省去搭建因特网线路系统的费用，这样可节省大量的资源。因此现在大多数人在家都利用调制解调器接入电话线上网，比如 ADSL 接入技术等。调制解调器简单易用，有内置和外置两种。

### 5. 交换机

交换机又称网桥。在外形上交换机和集线器很相似，且都应用于局域网，但交换机是一个拥有智能和学习能力的设备。交换机接入网络后可以在短时间内学习掌握此网络的结构以及与它连接计算机的信息，可以对接到的数据进行过滤，而后将数据包送至与主机相连的接口。因此交换机比集线器传输速度更快，内部结构也更加复杂。一般人们可用交换机组建局域网或者用它把两个网络连接起来。市场上最简单的交换机造价在 100 元左右，而用于一个机构的局域网的交换机则需要上千甚至上万元。

### 6. 网桥

网桥不仅能再生数据，还能够实现不同类型的局域网互联。网桥能够识别数据的目的地址，如果不属于本网段，就把数据发送到其他网段上。

### 7. 中继器和集线器

由于信号在线缆中传输会发生衰减，因此要扩展网络的传输距离，可以利用中继器使信号不失真地继续传播。

（1）中继器可以把接收到的信号物理地再生并传输，即在确保信号可识别的前提下延长了线缆的距离。由于中继器不转换任何信息，因此和中继器相连接的网络必须使用同样的访问控制方式。

（2）集线器是一种特殊的中继器。它除了对接收到的信号再生并传输外，还可为网络布线和集中管理带来方便。集线器一般有 8 ～ 16 个端口，供计算机等网络设备连接使用。

### 1.2.2 计算机网络的软件组成

计算机网络的软件系统包括网络操作系统和网络应用服务系统等。网络应用服务系统针对不同的应用有不同的应用软件，下面只介绍网络操作系统。

1. 网络协议

协议是通信双方为了实现通信而设计的约定或对话规则。网络协议则是网络中的计算机为了相互通信和交流而约定的规则。这就好比人类在交流沟通的时候约定"点头"表示同意，"摇头"表示不同意，"微笑"表示快乐，"皱眉"表示伤心等。计算机和人类一样，相互传输读取信息的时候也需要约定。比如在大多数时候它们约定相互传输数据前必须由一方向另外一方发出请求，在双方都收到对方"同意"的信息时才开始传送和接收数据。这样的约定或者规则就是计算机网络协议。当然计算机网络的协议比大家想象的要复杂得多。现在最流行的因特网协议包括 TCP/IP 协议，以及上网用得最多的 HTTP 协议、FTP 协议等。网络协议是计算机网络软件系统的基础，网络没有了协议就好像比赛失去了规则一样，会失去控制。一台计算机只有在遵守网络协议的前提下，才能在网络上与其他计算机进行正常的通信。

2. 网络操作系统

网络操作系统是计算机网络的心脏。它是负责管理管理整个网络资源，提供网络通信，并给予用户友好的操作界面，为网络用户提供服务的操作系统。简单地说，网络操作系统就是用来驾驭和管理计算机网络的平台，就像单机操作系统是用来管理和掌控单个计算机的一样。只要在网络中的一台计算机上装入网络操作系统，就可以通过这个平台管理和控制整个网络资源。一般的网络操作系统是在计算机单机操作系统的基础上建立起来的。

（1）网络操作系统特点。网络操作系统作为网络用户和计算机之间的接口，通常具有复杂性、并行性、高效性和安全性等特点。一般要求网络操作系统具有如下功能。

①支持多任务：要求操作系统在同一时间能够处理多个应用程序，每个应用程序在不同的内存空间运行。

②支持大内存：要求操作系统支持较大的物理内存，以便应用程序能够更好地运行。

③支持对称多处理器：要求操作系统支持多个 CPU 以减少事务处理时间，提高操作系统性能。

④支持网络负载平衡：要求操作系统能够与其他计算机构成一个虚拟系统，满足多用户访问时的需要。

⑤支持远程管理：要求操作系统能够支持用户通过 Internet 远程管理和维护。

（2）网络操作系统结构。局域网的组建模式通常有对等网络和客户机 / 服务器网络两种。客户机 / 服务器网络是目前组网的标准模型。客户机 / 服务器网络操作系统由客户机操作系统和服务器操作系统两部分组成。Novell NetWare 是典型的客户机 / 服务器网络操作系统。

客户机操作系统的功能是一方面让用户能够使用本地资源和处理本地的命令和应用程序，另一方面实现客户机与服务器的通信。

服务器操作系统的主要功能是管理服务器和网络中的各种资源，实现服务器与客户机的通信，提供网络服务和提供网络安全管理。

（3）常见网络操作系统。应用于计算机网络的操作系统，最常见的有 Windows、UNIX 和 Linux。

① Windows。Microsoft Windows 是微软公司制作和研发的桌面操作系统。它问世于 1985 年，从最初运行在 DOS 下的 Windows 3.0，到风靡全球的 Windows XP、Windows 7 和 Windows 10，一直是人们喜爱的操作系统。

Windows Server 是微软公司推出的 Windows 的服务器操作系统，其核心是 WSS（Microsoft Windows Server System），每个 Windows Server 都与其工作站版对应。Windows Server 第一个版本为 2003 年 4 月 24 日发布的 Windows Server 2003，最新的长期服务版本为 2018 年 10 月 2 日发布的 Windows Server 2019。

Windows Server 版本的持续更新，也是不断融合网络技术的过程。从面向小型企业服务器领域的 Windows Server 2003，逐渐发展为 Windows Server 2008 R2（Windows7 的服务器版本），提升了虚拟化、系统管理弹性、网络存取方式以及信息安全等领域的应用，Windows Server 2012 R2（Windows 8.1 的服务器版本）提供企业级数据中心和混合云解决方案，直至基于 Windows 10 的 Windows Server 2019，具有四大重点新特性：混合云、安全、应用程序平台和超融合基础架构。

② UNIX。UNIX 是一个强大的多用户、多任务分时操作系统，支持多种处理器架构，最早由肯·汤普森、丹尼斯·里奇和道格拉斯·麦克罗伊于 1969 年在 AT&T 的贝尔实验室开发。经过长期的发展和完善，已成长为一种主流的操作系统。UNIX 的系统结构包括操作系统内核、系统调用和应用程序三部分。UNIX 具有技术成熟、可靠性高、网络和数据库功能强、伸缩性突出和开放性好等特色，可满足各行各业的实际

需要，特别能满足企业重要业务的需要，已经成为主要的工作站平台和重要的企业操作平台。

　　UNIX 与其他商业操作系统的不同之处主要在于其开放性，在系统开始设计时就考虑了各种不同使用者的需要，因而 UNIX 被设计为具备很大可扩展性的系统。由于其源码被分发给大学，从而在教育界和学术界影响很大，进而影响到商业领域。大学生和研究者出于科研目的或个人兴趣在 UNIX 上进行各种开发，并且不计较经济利益，将这些源码公开，互相共享，这些行为丰富了 UNIX 本身。目前，UNIX 成为 Internet 上提供网络服务的最通用的平台，是所有开发的操作系统中可移植性最好的系统之一。

　　由于 UNIX 的开放性，在发展过程中产生了多个不同的 UNIX 版本，可归纳为符合单一 UNIX 规范的 UNIX 操作系统以及类 UNIX（UNIX-like）操作系统。目前应用较为广泛的有 AIX、Solaris、HP-UX、IRIX 和 A/UX 几种 UNIX 版本。

　　③ Linux。Linux 是一套免费使用和自由传播的类 UNIX 操作系统，是一个多用户、多任务、支持多线程和多 CPU 的操作系统。Linux 支持 32 位和 64 位硬件，能运行主要的 UNIX 工具软件、应用程序和网络协议。Linux 继承了 UNIX 以网络为核心的设计思想，是一个性能稳定的网络操作系统。

　　Linux 是 1991 年芬兰赫尔辛基大学二年级学生林纳斯·托瓦兹（Linus Torvalds）开发的，目的是将 UNIX 系统移植到个人计算机上。Linux 从一开始就定位于"开源"软件，即代码在网络上公开，不需要付费就可以使用，同时任何人都可以不断地补充、完善。因此，Linux 操作系统的发展历程就是来自世界各地的很多使用者合作开发的过程。

　　Linux 与其他操作系统相比，具有开放源码、没有版权、技术社区用户多等特点。开放源码使得用户可以自由裁剪，灵活性高、功能强大、成本低。随着 Internet 的发展，Linux 得到了来自全世界软件爱好者、组织、公司的支持，市场份额逐步扩大，逐渐成为主流操作系统之一。

Linux 的发行版本目前已超过 300 个，应用普遍的大约有十几个。这些发行版大体可分为两类：一类是商业公司维护的发行版本；一类是社区组织维护的发行版本。前者以红帽（Redhat）为代表，后者以 Debian 为代表。Redhat 是中国用户使用最多的 Linux 版本。

# 1.3　计算机网络的特点

## 1.3.1　可靠性

在一个网络系统中，当一台计算机出现故障时，可立即由系统中的另一台计算机来代替其完成所承担的任务。同样，当网络的一条链路发生故障时，可选择其他的通信链路进行连接。

## 1.3.2　高效性

计算机网络系统摆脱了中心计算机控制结构数据传输的局限性，并且信息传递迅速，系统实时性强。网络系统中各相连的计算机能够相互传送数据信息，使相距很远的用户之间能够及时、快速、高效、直接地交换数据。

## 1.3.3　独立性

网络系统中各相联的计算机是相对独立的，它们之间的关系是既互相联系，又相互独立。

### 1.3.4　扩充性

在计算机网络系统中，人们能够很方便、灵活地接入新的计算机，从而达到扩充网络系统功能的目的。

### 1.3.5　廉价性

计算机网络使计算机用户能够分享到大型机的功能特性，充分体现了网络系统的"群体"优势，能节省投资和降低成本。

### 1.3.6　分布性

计算机网络能将分布在不同地理位置的计算机进行互联，可将大型、复杂的综合性问题实行分布式处理。

### 1.3.7　易操作性

对计算机网络用户而言，掌握网络使用技术比掌握大型机使用技术简单，实用性也很强。

### 1.3.8　资源共享

在计算机网络中，资源共享是其最重要的功能之一。分布在不同地域的计算机通过计算机网络来使用远程计算机的软硬件资源，其共享的资源可以是多种形式，如文档、多媒体、数据库、硬件和软件。总之，一切可以转换成数字的信息和数据都可以作为共享资源。

### 1.3.9　数据通信功能

数据通信功能是计算机网络的又一重要功能。计算机网络系统能实现对差错信息的纠错，并且服务器可以通过网络进行相互备份来提高可靠性，一旦某台服务发现毁灭性灾难，网络中的备份服务器仍然可以为用户提供服务，这样可以避免整个系统的瘫痪，从而提高系统的可靠性。这一点对金融、政府等部门尤其重要。

### 1.3.10 负载均衡

负载均衡建立在现有网络结构之上，它为网络提供了一种廉价、有效的扩展方法。当需要扩展网络设备或服务器的带宽、吞吐量、数据处理能力时，使用负载均衡技术就可以灵活、高效地对它进行扩展。例如新浪网为成千上万的用户提供服务，通过负载均衡技术可以把服务器的任务均衡的分配给分布在不同地域的服务器，从而减轻对某一台服务器的访问，使它更方便地扩展服务器的带宽，吞吐量及数据处理能力。

# 1.4 计算机网络的分类

### 1.4.1 按照网络作用范围分类

根据网络作用范围不同，可以将网络分为个人区域网、局域网、城域网和广域网。

1. 个人区域网

随着笔记本计算机、智能手机与信息家电的广泛应用，人们逐渐提出自身附近 10 m 范围内的个人操作空间移动数字终端设备联网的需求。由于个人区域网络主要用无线通信技术实现联网设备之间的通信，因此就出现了无线个人区域网络的概念。目前，无线个人区域网主要使用802.15.4 标准、蓝牙（Bluetooth）与 ZigBee 标准。

IEEE 802.15 工作组致力于无线个人区域网的标准化工作，它的任

务组 TG4 制定 IEEE 802.15.4 标准，主要考虑低速无线个人区域网络
（Low Rate WPAN，LR WPAN）应用问题。2003 年，IEEE 批准低速无
线个人区域网 LR WPAN 标准—IEEE 802.15.4，为近距离范围内不同移
动办公设备之间低速互联提供统一标准。物联网应用的发展更凸显出个
人区域网络技术与标准研究的重要性。

（1）无线个人区域网络技术研究的现状。无线个人区域网络的技
术、标准与应用是当前网络技术研究的热点之一。尽管 IEEE 希望将
802.15.4 推荐为近距离范围内移动办公设备之间的低速互联标准，但是
业界已经存在着两个有影响力的无线个人区域网络技术，即蓝牙技术与
ZigBee 技术。

（2）蓝牙技术特点。1997 年，当电信业与便携设备制造商用蓝牙技
术这种无线通信方法替代近距离有线通信时，并没有意识到会引起整个
业界和媒体如此强烈的反响。蓝牙技术制定了实现近距离无线语音和数
据通信的规范。

蓝牙技术具有以下几个重要特点。

①开放的规范。为了促进人们广泛接受这项技术，蓝牙特别兴趣小
组（SIG）成了促进人们广泛接受这项技术的无线通信规范。

②近距离无线通信。在计算机外部设备与通信设备中，有很多近距
离连接的缆线，如打印机、扫描仪、键盘、鼠标投影仪与计算机的连接
线。这些缆线与连接器在解决 10 m 以内的近距离通信时会给用户带来
很多麻烦。蓝牙技术的设计初衷有两个：一是解决 10 m 以内的近距离
通信问题；二是低消耗，以适用于使用电池的小型便携式个人设备。

③语音与数据传输。iPhone、iPad 的出现使计算机与智能手机、
PDA 之间的界线越来越不明显了。业界预测：未来各种与 Internet 相关
的移动终端设备数量将超过个人计算机的数量。蓝牙技术希望成为各种
移动终端设备、嵌入式系统与计算机之间近距离通信的标准。

④在世界任何地方都能进行通信。世界上很多地方的无线通信是受到限制的。无线通信频段与传输功率的使用需要有许可证。蓝牙无线通信选用的频段属于工业、科学与医药专用频段，是不需要申请许可证的。因此具有蓝牙功能的设备，不管在任何地方都可以方便使用。

（3）ZigBee 技术特点。ZigBee 的基础是 IEEE 802.15.4 标准，早期的名字是 HomeRF Lite 或 FireFly。它是一种面向自动控制的近距离、低功耗、低速率、低成本的无线网络技术。ZigBee 联盟成立于 2001 年 8 月。2002 年，摩托罗拉公司、飞利浦公司、三菱公司等宣布加入 ZigBee 联盟，研究下一代无线网络通信标准，并命名为 ZigBee。

ZigBee 联盟在 2005 年公布了第一个 ZigBee 规范——ZigBee Specification V.10，它的物理层与 MAC 层采用了 IEEE 802.15.4 标准。ZigBee 适应于数据采集与控制结点多、数据传输量不大、覆盖面广、造价低的应用领域。基于 ZigBee 的无线传感器网络已在家庭网络、安全监控，特别是在家庭自动化医疗保健与控制中展现出广阔的应用前景，引起产业界的高度关注。

2. 局域网

局域网用于将有限范围（如一个实验室、一幢大楼、一个校园）内的各种计算机、终端与外部设备互联成网。局域网技术发展非常迅速，并且应用日益广泛，是计算机网络中最为活跃的领域之一。

从局域网应用的角度看，局域网的技术特点主要表现在以下几个方面。

（1）局域网覆盖有限的地理范围，它适用于机关、校园、工厂等有限范围内的计算机、终端与各类信息处理设备联网的需求。

（2）局域网提供高数据传输速率（10 Mbit/s ～ 10 Gbit/s）、低误码率（一般在 $10^{-11}$ ～ $10^{-8}$）的高质量数据传输环境。

（3）局域网一般由一个单位所有，易于建立、维护与扩展。

（4）从介质访问控制方法的角度，局域网可分为共享介质式局域网与交换式局域网两类。局域网包括个人计算机局域网、大型计算设备群的后端网络与存储区域网络、高速办公室网络、企业与学校的主干局域网等。

**3. 城域网**

城市地区的网络常简称为城域网。城域网是介于广域网与局域网之间的一种高速网络。城域网设计的目标是要满足几十千米范围内的大量企业、机关、公司的多个局域网互联的需求，以实现大量用户之间的数据、语音、图形与视频等多种信息的传输。从技术上看，很多城域网采用的是以太网技术，由于城域网与局域网使用相同的体系结构，一般并入局域网进行讨论。

**4. 广域网**

广域网也称为远程网。它所覆盖的地理范围从几十千米到几千千米。广域网覆盖一个国家、地区，或横跨几个洲，形成国际性的远程网络。广域网的通信子网主要使用分组交换技术。广域网的通信子网可以利用公用分组交换网、卫星通信网和无线分组交换网，将分布在不同地区的计算机系统互联起来，达到资源共享的目的。

## 1.4.2　按网络的使用者分类

**1. 公用网**

公用网简称公网，是指国家的电信公司（国有或私有）出资建造的大型网络。"公用"的意思就是所有愿意按电信公司的规定交纳费用的人都可以使用，因此公用网也称为公众网。

**2. 专用网**

专用网简称专网，是某个部门为单位的特殊业务工作的需要而建造的网络。这种网络不向本单位以外的人提供服务。例如，军队、铁路、电力、银行、证券等系统均有本系统的专用网。

公用网和专用网都可以传送多种业务。如果传送的是计算机数据，则可使用公用计算机网和专用计算机网。

### 1.4.3 按网络传输技术分类

网络所采用的传输技术决定了网络的主要技术特点，因此根据网络所采用的传输技术对网络进行分类是一种很重要的方法。

在通信技术中，通信信道的类型有两类：广播通信信道与点对点通信信道。在广播通信信道中，多个结点共享一个通信信道，一个结点广播信息，其他结点必须接收信息。而在点对点通信信道中，一条通信线路只能连接一对结点，如果两个结点之间没有直接连接的线路，那么只能通过中间结点转接。

显然，网络要通过通信信道完成数据传输任务，网络所采用的传输技术也只可能有两类：广播方式与点对点方式。因此，相应的计算机网络也可以分为两类：广播式网络与点对点式网络。

1.广播式网络

在广播式网络中，所有联网计算机都共享一个公共通信信道。当一台计算机利用共享通信信道发送报文分组时，其他的计算机都会"收听"到这个分组。由于发送的分组中带有目的地址与源地址，接收到该分组的计算机将检查目的地址是否与本结点地址相同。如果被接收报文分组的目的地址与本结点的地址相同，则接收该分组，否则丢弃该分组。显然，在广播式网络中，发送的报文分组的目的地址可以有3类：单一结点地址、多结点地址与广播地址。

2.点对点式网络

与广播式网络相反，在点对点式网络中，每条物理线路连接两台计算机。假如两台计算机之间没有直接连接的线路，那么它们之间的分组传输就要通过中间结点的接收、存储与转发，直至目的结点。由于连接多台计算机之间的线路结构可能是复杂的，因此，从源结点到目的结点可能存在多条路由（路径）。决定分组从通信子网的源结点到达目的结点的路由需要有路由选择算法。采用分组存储转发与路由选择机制是点对点式网络和广播式网络的重要区别之一。

### 1.4.4　按网络的管理方式分类

#### 1. 对等网络

对等网络是最简单的网络，网络中不需要专门的服务器，接入网络的每台计算机没有工作站和服务器之分，都是平等的，既可以使用其他计算机上的资源，也可以为其他计算机提供共享资源。该网络比较适合部门内部协同工作的小型网络，适合小于 10 台的网络连接，自行管理。对等网络组建简单，不需要专门的服务器，各用户分散管理自己机器的资源，因而网络维护容易，但较难实现数据的集中管理与监控，整个系统的安全性也较低。

#### 2. 客户机 / 服务器（Client/Server，C/S）网络

在客户机 / 服务器网络中，有一台或多台高性能的计算机专门为其他计算机提供服务，这类计算机称为服务器。而其他与之相连的用户计算机通过向服务器发出请求可获得相关服务，这类计算机称为客户机。C/S 形式是一种由客户机向服务器发出请求并获得服务的网络形式，而服务器专门提供客户端所需的资源，这些服务器会根据其提供的服务配备相应的硬件设备。在 C/S 中可能有一台或数台服务器。例如，提供文件资源的服务器可能配备容量较大、访问速度快的硬盘等。一般实现某种服务时，服务器端的安装软件和客户端的安装软件不同。

C/S 方式是最常用、最重要的一种网络类型，不仅适合同类计算机联网，也适合不同类型的计算机联网。它的优点是适用于较大网络，便

于网络管理员管理；缺点是服务器操作与应用较复杂。银行、证券公司等都采用这种类型的网络，因特网上的服务也大都基于这种类型。

随着 Internet 技术的发展与应用，出现了一种对 C/S 结构的改进结构，即浏览器／服务器（Browser/Server，B/S）结构。B/S 中，客户机上可安装浏览器（Browser），如 Netscape Navigator 或 Internet Explorer，服务器安装 Oracle、Sybase、Informix 或 SQL Server 等数据库。浏览器通过 Web 服务器与数据库进行数据交互。

B/S 最大的优点就是可以在任何地方进行操作，而在客户端不用安装任何专门的软件。只要有一台能上网的计算机就可以使用，客户端零维护。系统的扩展非常容易，只要能上网，再由系统管理员分配一个用户名和密码，就可以使用了。

### 1.4.5　按网络拓扑结构分类

计算机网络拓扑是通过网络中结点与通信线路之间的几何关系表示网络结构，是对网络中各结点与链路之间的布局及其互联形式的抽象描述，反映网络中各实体间的结构关系。拓扑结构中结点用圆圈表示，链路用线表示。常见的计算机网络的拓扑结构有星形、环形、总线形、树形和网状形。

1.星形拓扑网络

在星形拓扑网络结构中，各结点通过点到点的链路与中央结点连接，如图 1-1（a）所示。中央结点执行集中式控制策略，控制全网的通信，因此中央结点相当复杂，负担比其他各结点重得多。

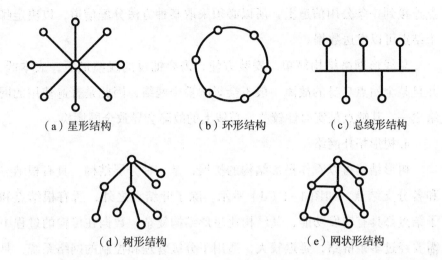

（a）星形结构　　　　　　（b）环形结构　　　　　（c）总线形结构

（d）树形结构　　　　　　　　　　（e）网状形结构

**图 1-1　基本网络拓扑结构**

星形拓扑网络的主要优点是：网络结构和控制简单，易于实现，便于管理；网络延迟时间较短，误码率较低；局部性能好，非中央结点的故障不影响全局；故障检测和处理方便；适用于结构化智能布线系统。

主要缺点是：使用较多的通信介质，通信线路利用率不高；对中央结点负荷重，是系统可靠性的瓶颈，其故障可导致整个系统失效。

2. 环形拓扑网络

在环形拓扑网络中，结点通过点到点通信线路连接成闭合环路，环中数据将沿同一个方向逐站传送，如图 1-1（b）所示。环形拓扑网络的主要优点为：结构简单，易于实现；数据沿环路传送，简化了路径选择的控制；当网络确定时，传输时延确定，实时性强。环形拓扑网络的主要缺点是：可靠性差，环中任一结点与通信链路的故障都将导致整个系统瘫痪；故障诊断与处理比较困难；控制、维护和扩充都比较复杂。

3. 总线形拓扑网络

在总线形拓扑网络中，所有结点共享一条数据通道，如图 1-1（c）所示。一个结点发出的信息可以被网络上的每个结点接收。由于多个结点连接到一条公用信道上，所以必须采取某种方法分配信道，以决定哪个结点可以发送数据。

总线形网络结构简单，安装方便，需要铺设的线缆最短，成本低，并且某个站点自身的故障一般不会影响整个网络，因此是普遍使用的网络之一。其缺点是实时性较差，总线上的故障会导致全网瘫痪。

4. 树形拓扑网络

树形结构可以看作星形结构的扩展，是一种分层结构，具有根结点和各分支结点，如图 1-1（d）所示。除了叶结点之外，所有根结点和子结点都具有转发功能，其结构比星形结构复杂，数据在传输的过程中需要经过多条链路，延迟较大，适用于分级管理和控制的网络系统，是一种广域网或规模较大的快速以太网常用的拓扑结构。

5. 网状形结构

网状形结构由分布在不同地点、各自独立的结点经链路连接而成。每一个结点至少有一条链路与其他结点相连，每两个结点间的通信链路可能不止一条，需进行路由选择，如图 1-1（e）所示。

优点：可靠性高，灵活性好，结点的独立处理能力强，信息传输容量大。缺点：结构复杂，管理难度大，投资费用高。网状形结构是一种广域网常用的拓扑结构，互联网大多也采用这种结构。

和其拓扑结构相对应，计算机网络可分为总线网、星形网、环网、树形网和网状网等。

# 1.5  计算机网络的功能

计算机网络的基本功能可以归纳为数据通信、资源共享、分布式处理和综合信息服务 4 个方面。这 4 个方面的功能并不是各自独立存在的，它们之间是相辅相成的关系。以这些功能为基础，更多的网络应用得到了开发和普及。

（1）数据通信。数据通信功能即数据传输功能，这是计算机网络最基本的功能，主要完成计算机网络中各个结点（客户机、服务器、交换机、路由器等各种网络设备）之间的系统通信。典型的例子就是通过Internet 收发电子邮件，可以很方便地实现异地交流。计算机网络最初期的主要用途之一就是在分散的计算机之间实现无差错的数据传输。

（2）资源共享。资源是指构成网络的所有要素，包括软硬件资源，如计算处理能力、大容量磁盘、高速打印机、绘图仪、通信线路、数据库、文件和其他计算机上的有关信息。由于受经济因素或其他因素的制约，这些资源并非也不可能由某一台单机独立拥有。网络上的计算机不仅可以使用自身的资源，也可以共享网络上的资源，从而增强计算机的处理能力，有效提高了计算机软硬件的利用率。

计算机网络建立的初期目的就是为了实现对分散的计算机系统的资源共享，以此提高各种设备的利用率，减少重复投资和劳动，进而实现分布式计算目标。

（3）分布式处理。通过计算机网络，可以将不同地点的或具有不同功能的或拥有不同数据的多台计算机用通信网络连接起来，在控制系统的统一管理控制下，协调地完成信息处理任务。对于许多综合性重大科研项目的计算和信息处理，可以利用计算机网络的分布式处理能力；将任务分散到不同计算机中进行处理，由这些计算机协同完成。

同时，计算机网络中的计算机可以互为备份，当一台计算机出现故障时，可以调用其他计算机实施替代任务，从而提高系统的可靠性。

（4）综合信息服务。网络的一大发展趋势是多元化。利用计算机网络，可以在信息化社会里实现对各种经济信息、技术情报和咨询服务的信息处理。计算机网络可以对文字、声音、图像、视频等多种信息进行传输、收集和处理。综合信息服务和通信服务一样，都是计算机网络的基本服务功能。

# 第 2 章　数据通信基础

## 2.1　数据通信系统简述

### 2.1.1　通信的基本术语

通信的目的是传送消息，如语音、文字、图像、视频等都是消息。

数据是运送消息的实体，通常是有意义的符号序列，这种信息的表示可用计算机处理或产生。

信号则是数据的电气或电磁的表现。

### 2.1.2　信号的分类

根据信号中代表消息的参数的取值方式不同，信号可分为模拟信号和数字信号两大类。

（1）模拟信号也称连续信号，代表消息的参数的取值是连续的，如用户家中的调制解调器（Modem）到电话端之间的用户线上传送的就是模拟信号。

（2）数字信号也称离散信号，代表消息的参数的取值是离散的，如用户家中的 PC 到调制解调器之间，或在电话网中继线上传送的就是数字信号。在使用时间域（简称为时域）的波形表示数字信号时，代表不同离散数值的基本波形称为码元。在使用二进制编码时，只有两种不同的码元，一种代表 0 状态，另一种代表 1 状态。

### 2.1.3 数据通信系统模型

下面通过一个最简单的例子来说明数据通信系统的模型。这个例子就是两个PC经过普通电话机的连线，再经过公用电话网进行通信。

一个数据通信系统大致可以划分为三个部分，即源系统（或发送端、发送方）、传输系统（或传输网络）和目的系统（或接收端、接收方），如图2-1所示。

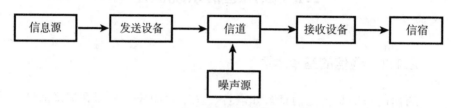

图 2-1 数据通信系统模型

（1）源系统。源系统一般包括源点和发送器两个部分。

源点：源点设备产生通信网络要传输的数据，如从PC的键盘输入汉字，则输出的是数字比特流。源点又称为源站或信息源。

发送器：通常源点生成的数字比特流要通过发送器编码后才能够在传输系统中进行传输，典型的发送器就是调制器。例如，调制器将计算机输出的数字比特流转换成能够在电话线上传输的模拟信号。现在很多PC使用内置的调制解调器（包含调制器和解调器），用户在PC外面看不见调制解调器。

（2）目的系统。与源系统相对应，目的系统一般包括接收器和终点两个部分。

接收器：接收传输系统传送过来的信号，并把它转换为能够被目的设备处理的信息。典型的接收器就是解调器，它把来自传输线路上的模拟信号进行解调，提取在发送端置入的消息，还原发送端产生的数字比特流。

终点：终点设备从接收器获取传送来的数字比特流，然后把信息输出（如把汉字在 PC 屏幕上显示出来）。终点又称为目的站或信宿。

（3）传输系统。位于源系统和目的系统之间，它既可以是简单的物理通信线路，如有线介质一同轴电缆、光纤、双绞线，或者无线介质一微波、无线电、红外线等；也可以是连接源系统和目的系统的复杂网络设备，如用于放大和再生信号的中继器，用于实现交叉连接的多路复用器、集线器（hub）和交换机，以及用于通信路径选择的路由器等。

## 2.1.4　数据通信过程

数据从发送端被发送到接收端被接收的整个过程称为通信过程。每次通信包含两个方面的内容，即传输数据和通信控制。通信控制主要执行各种辅助操作，并不交换数据，但这种辅助操作对于交换数据而言是必不可少的。

在此以只使用交换机的传输系统为例，说明数据通信的基本过程。该过程通常被划分为 5 个阶段，每个阶段包括一组操作，这样的一组操作被称为通信功能。数据通信的 5 个基本阶段对应 5 个主要的通信功能。

（1）建立物理连接。用户将要进行通信的对方（目的方）地址信息告诉交换机，交换机向具有该地址的目的方进行确认，若对方同意通信，则由交换机建立双方通信的物理通道。

（2）建立数据传输链路。通信双方建立同步联系，使双方设备处于正确的收发状态，通信双方相互核对地址。

（3）数据传送。数据传输链路建立好后，数据就可以从源结点发送到交换机，再由交换机交换到终端结点。

（4）数据传输结束。通信双方通过通信控制信息确认此次通信结束，拆除数据链路。

（5）拆除物理连接。由通信双方之一通知交换机本次通信结束，可以拆除物理连接。

### 2.1.5　数据通信系统的性能指标

在数据通信系统中，信号的传送是由数据传输系统来完成的，那么对传输系统的性能如何进行评价是一个重要问题，通常用速率、带宽等指标对数据传输系统进行定量分析。下面介绍常用的 7 个性能指标。

1. 速率

计算机发送出的信号都是数字形式的。比特（bit）是计算机中数据量的单位，也是信息论中使用的信息量的单位。英文单词 bit 来源于 binary digit，意思是一个"二进制数字"，因此一个比特就是二进制数字中的一个 1 或 0。网络技术中的速率是指连接在计算机网络上的主机在数字信道上传送数据的速率，它也称为数据率（data rate）或比特率（bit rate）。速率是数据通信系统中最重要的一个性能指标，速率的单位是 b/s（或 bit/s）。当数据率较高时，也可以用 Kb/s、Mb/s、Gb/s 或 Tb/s。这里所说的速率往往是指额定速率或标称速率。

2. 带宽

带宽本来是指某个信号具有的频带宽度。信号的带宽是指该信号所包含的各种不同频率成分所占据的频率范围。例如，在传统的通信线路上传送的电话信号的标准带宽是 3.1 kHz（300 Hz ～ 3.4 kHz，即话音的主要成分的频率范围），这种意义的带宽的单位是赫或千赫、兆赫、吉赫等。在过去很长的一段时间，通信的主干线路传送的是模拟信号（即连续变化的信号）。因此，表示通信线路允许通过的信号频带范围就称为线路的带宽（通频带）。

在计算机网络中，带宽用来表示网络的通信线路传送数据的能力，因此网络带宽表示在单位时间内从网络中的某一点到另一点所能通过的

"最高数据率"。本书中提到的"带宽"主要是指这个意思,这种意义的带宽的单位是"比特每秒",记为 b/s。

在"带宽"的两种表述中,前者为频域称谓,后者为时域称谓,其本质是相同的。也就是说,一条通信链路的"带宽"越宽,其所能传输的"最高数据率"也就越高。

3. 吞吐量

吞吐量表示在单位时间内通过某个网络(或信道、接口)的数据量。吞吐量用于对现实世界中的网络进行测量,以便知道实际上到底有多少数据量能够通过网络。显然,吞吐量受网络的带宽或网络的额定速率的限制,如对于一个 100 Mb/s 的以太网,其额定速率是 100 Mb/s,这个数值也是该以太网吞吐量的绝对上限值。因此,对于 100 Mb/s 的以太网,其典型的吞吐量可能只有 70 Mb/s(有时吞吐量还可用每秒传送的字节数或帧数来表示)。

4. 时延

时延是指数据(一个报文、分组或比特)从网络(链路)的一端传送到另一端所需的时间。时延是个很重要的性能指标,有时也称为延迟或迟延。

需要注意的是,网络中的时延是由以下几个不同的部分组成的。

(1)发送时延。发送时延是主机或路由器发送数据帧所需要的时间,也就是从发送数据帧的第一个比特算起,到该帧的最后一个比特发送完毕所需的时间。因此发送时延也叫作"传输时延"。发送时延的计算公式如式(2-1)所示。

$$发送时延 = 数据帧长度 / 发送速率 \qquad (2-1)$$

由式(2-1)可知,对于一定的网络,发送时延并非固定不变,而是与发送的帧长(单位是比特)成正比,与发送速率成反比。

（2）传播时延。传播时延是电磁波在信道中传播一定的距离需要花费的时间。传播时延的计算公式如式（2-2）所示。

$$传播时延 = 信道长度 / 传播速率 \qquad （2-2）$$

电磁波在自由空间的传播速率是光速，即 $3.0 \times 10^5$ km/s。电磁波在网络传输媒体中的传播速率比在自由空间要略低一些：在铜线电缆中的传播速率约为 $2.3 \times 10^5$ km/s，在光纤中的传播速率约为 $2.0 \times 10^5$ km/s。例如，1 000 km 长的光纤线路产生的传播时延大约为 5 ms。

理解发送时延与传播时延发生的地方，才能正确区分两种时延。发送时延发生在机器内部的发送器中（一般发生在网络适配器中），而传播时延则发生在机器外部的传输信道媒体上。可以用一个简单的比喻来说明。假定有 10 辆车的车队从公路收费站入口出发到相距 50 km 的目的地，每一辆车过收费站要花费 6 s，而车速是每小时 100 km。现在可以算出整个车队从收费站到目的地总共要花费的时间，即发车时间共需要 60 s（相当于网络中的发送时延），行车时间需要 30 min（相当于网络中的传播时延），因此总共花费的时间是 31 min。

（3）处理时延。主机或路由器在收到分组时要花费一定的时间进行处理，如分析分组的首部、从分组中提取数据部分、进行差错检验或查找适当的路由等，这就产生了处理时延。

（4）排队时延。分组在经过网络传输时，要经过许多路由器。但分组在进入路由器后要先在输入队列中排队等待处理。在路由器确定了转发接口后，还要在输出队列中排队等待转发。这就产生了排队时延，排队时延的长短往往取决于网络当时的通信量。当网络的通信量很大时会发生队列溢出，使分组丢失，这相当于排队时延为无穷大。

这样，数据在网络中经历的总时延就是以上 4 种时延之和，如式（2-3）所示。

$$总时延 = 发送时延 + 传播时延 + 处理时延 + 排队时延 \qquad （2-3）$$

一般来说，小时延的网络要优于大时延的网络。在某些情况下，一个低速率、小时延的网络很可能要优于一个高速率、大时延的网络。

（5）时延带宽积。将衡量网络性能的两个度量——传播时延和带宽相乘，可以得到传播时延带宽积，如式（2-4）所示。

$$时延带宽积 = 传播时延 \times 带宽 \qquad (2-4)$$

（6）往返时延。在数据通信系统中，往返时延也是一个重要的性能指标，它表示从发送方发送数据开始，到发送方收到来自接收方的确认（接收方收到数据后便立即发送确认），总共经历的时间。在互联网中，往返时延还包括各中间结点的处理时延、排队时延及转发数据时的发送时延。

显然，往返时延与所发送的分组长度有关。发送很长的数据块的往返时延应当比发送很短的数据块的往返时延要多些。当使用卫星通信时，往返时延相对较长。

（7）利用率。利用率有信道利用率和网络利用率两种。信道利用率指某信道有百分之几的时间是被利用的（有数据通过），完全空闲的信道的利用率是零；网络利用率则是全网络的信道利用率的加权平均值。信道利用率并非越高越好。这是因为，根据排队论的理论，当某信道的利用率增大时，该信道引起的时延也就迅速增加。这和高速公路的情况有些相似，当高速公路上的车流量很大时，由于在公路上的某些地方会出现堵塞，因此行车所需的时间就会增长。网络也有类似的情况，当网络的通信量很少时，网络产生的时延并不大。但在网络通信量不断增大的情况下，由于分组在网络结点（路由器或结点交换机）进行处理时需要排队等候，因此网络引起的时延就会增大。如果令 $D_0$ 表示网络空闲时的时延，$D$ 表示网络当前的时延，那么在适当的假定条件下，可以用式（2-5）来表示 $D$ 和 $D_0$ 及网络利用率 $U$ 之间的关系。

$$D = \frac{D_0}{1-U} \qquad (2-5)$$

式中，$U$ 是网络的利用率，数值在 $0 \sim 1$ 范围内。当网络的利用率达到其容量的 1/2 时，时延就要加倍。特别值得注意的是，当网络的利用率接近最大值 1 时，网络的时延就趋于无穷大。因此必须有这样的概念：信道或网络利用率过高会产生非常大的时延，如图 2-2 所示。因此，一些拥有较大主干网的电信运营商通常控制他们的信道利用率不超过 50%。如果超过了就要准备扩容，增大线路的带宽。

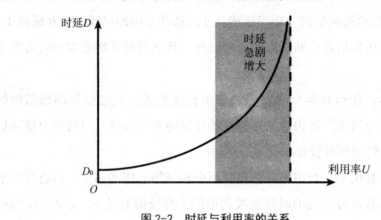

图 2-2　时延与利用率的关系

## 2.2　传输介质的主要特性分析

传输介质是网络中传输信息的物理通道，是数据通信中实际传输信息的载体。信号的传输不仅与传输的数据信号和收发转换特性有关，而且还与传输介质的特性有关。因此，必须根据网络的具体要求，选择适当的传输介质。传输介质的主要特性包括物理特性、传输特性、连通性、地理范围、抗干扰性和相对价格等方面。常见的网络传输介质有很多种，可分为两类：一类是有线传输介质，如同轴电缆、双绞线、光纤等；另一类是无线传输介质，如微波和卫星通信等。

### 2.2.1　同轴电缆

同轴电缆是局域网中使用最早而且应用十分广泛的传输介质。

（1）物理特性：同轴电缆由内导体、绝缘层、外导体及外部保护层组成。内导体由一层绝缘体包裹，位于外导体的中轴上，它或是单股实心线或是绞合线（通常是铜制的）。外导体也由绝缘层包裹，或是金属包层或是金属网。同轴电缆的最外层是能够起保护作用的塑料外皮，即外部保护层。同轴电缆外导体的结构使其不仅能够充当导体的一部分，而且还能起到屏蔽作用。这种屏蔽一方面能防止外部环境造成的干扰，另一方面能阻止内层导体的辐射能量干扰其他导线。

（2）传输特性：同轴电缆既可传输模拟信号又可传输数字信号。虽然目前同轴电缆大量被光纤取代，但它仍广泛应用于有线电视和某些局域网中。

根据同轴电缆的带宽不同，它可以分为两类：基带（50 Ω）同轴电缆和宽带（75 Ω）同轴电缆。基带同轴电缆一般仅用于数字信号的传输。50 Ω 基带同轴电缆只有一个信道，数据信号采用曼彻斯特编码方式，数据传输速率可达 10 Mbps。这种电缆主要用于局域网（以太网）。宽带同轴电缆可以使用频分多路复用方法，将一条宽带同轴电缆的频带划分成多条通信信道，使用各种调制方式，支持多路传输。宽带同轴电缆也可以只用于一条通信信道的高速数字通信，此时称为单信道宽带。75 Ω 宽带同轴电缆是 CATV 系统使用的标准，它既可用于传输宽带模拟信号，也可用于传输数字信号。

与双绞线相比，同轴电缆抗干扰能力强，能够应用于频率更高、数据传输速率更快的情况。对其性能造成影响的主要因素来自衰减和热噪声。另外，其物理可靠性不好，在人员嘈杂的地方极易出现故障。目前在计算机网络中基本上已被双绞线所替代。

（3）连通性：同轴电缆既支持点对点连接，也支持多点连接。基带同轴电缆可支持数百台设备的连接，而宽带同轴电缆可支持数千台设备的连接。

（4）覆盖范围：基带同轴电缆使用的最大距离限制在几千米范围内，而宽带同轴电缆最大距离可达几十千米左右。

（5）抗干扰性：同轴电缆的结构使得它的抗干扰能力较强。

（6）价格：同轴电缆在造价方面介于双绞线与光缆之间，使用与维护方便。

### 2.2.2  双绞线

无论是模拟信号还是数字信号，无论是在广域网还是在局域网，双绞线都是最常用的传输介质。

（1）物理特性：双绞线由按规则螺旋结构排列的两根或四根或八根绝缘导线组成。一对线可以作为一条通信线路，各个线对螺旋排列的目的是使各线对之间的电磁干扰最小。

局域网所使用的双绞线分为两类：屏蔽双绞线和非屏蔽双绞线。屏蔽双绞线由外部保护层、屏蔽层与多对双绞线组成。非屏蔽双绞线由外部保护层与多对双绞线组成。与非屏蔽双绞线相比，屏蔽双绞线的误码率低（$10^{-8} \sim 10^{-6}$），价格较贵。无屏蔽双绞线除少了屏蔽层外，其余均与屏蔽双绞线相同，抗干扰能力较差，误码率高达 $10^{-6} \sim 10^{-5}$，但其因价格便宜及安装方便，故广泛用于电话系统和局域网中。

（2）传输特性：双绞线还可以按照其电气特性进行分类，美国电气工业协会／电信工业协会（EIA/TIA）将其定义为 7 种型号。局域网中常用 5 类和 6 类双绞线，它们都为非屏蔽双绞线，均为 4 对双绞线构成一条电缆。5 类双绞线传输速率可达 100 Mbps，常用于局域网 100BaseT 的数据传输或用作语音传输等。6 类双绞线比 5 类双绞线有更好的传输特性，传输速率可达 1000 Mbps，可用于 100Base-T、1000Base-T 等局域网中。7 类双绞线也可用于 1000Base-T、千兆以太网中。

（3）连通性：双绞线既可用于点对点连接，也可用于多点连接。

（4）覆盖范围：双绞线用于远程中继线时，最大距离可达 15 km；用于 10 Mbps 局域网时，与集线器的距离最大为 100 m。

（5）抗干扰性：双绞线的抗干扰性取决于相邻线对的扭曲长度及适当的屏蔽。

（6）价格：双绞线的价格低于其他传输介质，并且安装、维护方便。

### 2.2.3　光缆

光导纤维电缆简称光缆，是网络传输介质中性能最好、应用最广泛的一种。

（1）物理特性：光纤是一种直径为 50 ～ 100 μm 的柔软、能传输光波的介质。多种玻璃材料和塑料可用来制造光纤。通常用超高纯度石英玻璃拉成细丝作为纤芯，纤芯的外层有一个包层，它由折射率比纤芯小的材料制成。正是由于在纤芯与包层之间存在着折射率的差异，光信号才得以通过全反射在纤芯中不断向前传播。在光纤的最外层则是起保护作用的外套，即外部保护层，它能使内层纤芯和包层免受外部温度以及弯曲、拉伸等操作带来的不良影响。由于光纤非常细，连包层一起直径也不到 0.2 mm，故通常将多根光纤扎成束并用于保护层制成多芯光缆。光缆的结构如图 2-3 所示。实际应用中，常将一至数百根光纤，再加上加强芯和填充物等构成一条光缆，从而可大大提高其机械强度。最后加上包带层和外保护套，即可满足工程施工的强度要求。

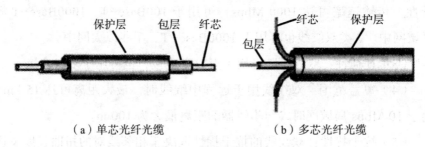

（a）单芯光纤光缆 （b）多芯光纤光缆

图 2-3 光纤光缆结构

（2）传输特性：光纤通过内部的全反射来传输一束经过编码的光信号。光波通过光纤内部全反射进行光传输的过程如图 2-4 所示。由于光纤的折射系数高于外部包层的折射系数，因此可以形成光波在光纤与包层的界面上的全反射。

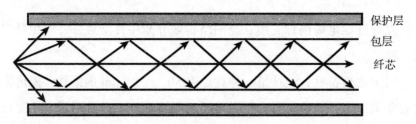

图 2-4 光纤传输方式

典型的光纤传输系统的结构如图 2-5 所示。光纤发送端采用发光二极管或注入型激光二极管两种光源。在接收端将光信号转换成电信号时使用光电二极管 PIN 检波器或 APD 检波器。这样即构成了一个单向传输系统。光载波调制方法采用幅移键控调制方法，即亮度调制光纤传输速率可以达到每秒几千兆比特。

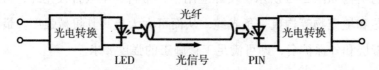

图 2-5 光纤传输系统结构示意图

光纤传输分为单模和多模两类。所谓单模光纤是指光信号仅与光纤轴成单个可分辨角度的单线光传输。所谓多模光纤是指光信号与光纤轴成多个可分辨角度的多线光传输。单模光纤的性能优于多模光纤的性能。

（3）连通性：光纤最普遍的连接方法是点对点连接方式，在某些实验系统中，也可以采用多点连接方式。

（4）覆盖范围：光纤信号衰减极小，它可以在 6 ~ 8 km 的距离内，在不使用中继器的情况下，实现高速率的数据传输。

（5）抗干扰性：光纤不受外界电磁干扰与噪声的影响，能在长距离、高速率的传输中保持低误码率。双绞线典型的误码率在 $10^{-6}$ ~ $10^{-5}$ 之间，基带同轴电缆的误码率低于 $10^{-7}$，宽带同轴电缆的误码率低于 $10^{-9}$，而光纤的误码率可以低于 $10^{-10}$，因此，光纤传输的安全性与保密性极好。

（6）价格：目前，光纤价格与同轴电缆的双绞线的价格相当。

由于光纤具有低耗损（传输距离长）、宽频带（通信容量大）、高数据传输速率（可达 Gbps 数量级）、抗干扰性强（不受电子监听设备的影响）、低误码率与安全保密性好的特点，因此它是高安全性网络介质的理想选择。

### 2.2.4  无线传输介质

无线传输介质不需要架设或铺埋电缆或光缆，而是通过大气传输，常见的有无线电、微波、红外线和激光等。无线通信已广泛应用于电话领域，构成蜂窝式无线电话。由于便携计算机的出现及军事、野外等特殊场合的应用需要，移动式通信网络的需求促进了数字化无线移动通信的发展。现在已经出现的无线局域网产品，能在一栋楼内提供快速、高性能的计算机联网技术。

1.电磁波与移动通信

电磁波的传播有两种方式：一种是在自由空间中传播，即通过无线方式传播；另一种是在有限的空间区域内传播，即通过有线方式传播。用同轴电缆、双绞线、光纤传输电磁波的方式属有线方式传播。在同轴电缆中，电磁波传播的速度大约等于光速的 2/3。

按照频率由低向高排列，不同频率的电磁波可以分为无线电、微波、红外线、可见光、紫外线、X 射线与伽马射线。目前，用于通信的主要有无线电、微波、红外线与可见光。国际电信联盟 ITU 根据不同的频率（或波长），将不同的波段进行了划分与命名。

不同的传输介质可以传输不同频率的信号。例如，普通双绞线可以传输低频与中频信号，同轴电缆可以传输低频到特高频信号，光纤可以传输可见光信号。由双绞线、同轴电缆与光纤作为传输介质的通信系统，一般用于固定物体之间的通信。

移动物体与固定物体、移动物体与移动物体间的通信，都属于移动通信，例如，人、汽车、轮船、飞机等移动物体之间的通信。移动物体之间的通信只能依靠无线通信手段。目前，实际应用的移动通信系统主要包括蜂窝移动通信系统、无线电话系统、无线寻呼系统、无线本地环路与卫星移动通信系统。

2.无线电通信

从电磁波谱可以看出，无线电所使用的频段覆盖范围从低频（LF）到特高频（UHF）。其中，调频无线电通信使用中波（MF），调频无线电广播使用甚高频（VHF），电视广播使用甚高频（VHF）到特高频（UHF）。国际通信组织对各个频段都规定了特定的服务。以高频为例，它的频率在 3 MHz 到 30 MHz 之间，被划分成多个特定的频段，分别分配给移动通信（空中、海洋与陆地）、广播、无线电导航、业余电台、宇宙通信及射电天文等方面。

在低频（LF）、中频（MF）波段，无线电波沿着地面传播，如图 2-6（a）所示。在较低频率上可在 1000 km 以外检测到它，在较高频率上距离要近一些。调幅广播使用 MF 波段。在这些波段中的无线电波能容易地穿过建筑物，这就是为什么便携式电台能在室内工作的原因。

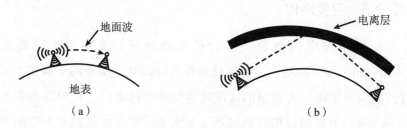

图 2-6　无线电波传输示意图

在高频（HF）和甚高频（VHF）波段，无线电波信号由天线发出后，沿着两条路径在空间传播。其中，地波沿地球表面传播，天波则在地球与地球电离层（离地球 100 ～ 500 km 高度的带电粒子层）之间来回反射，如图 2-6（b）所示。

无线电波很容易产生，可以传播很远，很容易穿过建筑物，其技术成熟，因此被广泛用于通信。

## 2.2.5　微波通信

地面微波通信是一种在对流层视距范围内，利用微波波段的电磁波进行信息传输的通信方式。微波的频率范围为 300 MHz ～ 300 GHz，但主要使用 2 ～ 40 GHz 的频率。由于微波在空间是直线传播，而地球表面是曲面，因此传播距离有限，一般为 30 ～ 50 km。为提高传输距离，可增加天线的高度，但长途通信时必须建立多个中继站，中继站把收到的信号放大后再发送到下一站，实现"接力"传输，所以微波通信又称数字微波接力通信。

微波通信系统在长途、大容量的数据通信中占有很重要的地位，可以传输电话、电报、图像、数据等信息。微波通信传输质量比较稳定，影响传输质量的主要因素是雨雪天气对微波产生的吸收损耗。微波通信的隐蔽性和保密性差。

### 2.2.6  卫星通信

卫星通信以空间轨道中运行的人造地球同步卫星（距离地球 $3.6 \times 10^4$ km）为中继站，卫星地球站作为终端站，实现两个或多个卫星地球站之间长距离、大容量的区域性通信及全球通信。从覆盖面积上来讲，一个通信卫星可以覆盖地球的 1/3 之多；若在地球赤道上等距离放上三颗卫星，就可以覆盖整个地球，从而实现全球通信。

卫星通信可以克服地面微波通信的距离限制，其最大特点就是通信距离远，且通信费用与通信距离无关。卫星通信的频带比微波接力通信的频带更宽，通信容量更大，信号所受到的干扰较小，误码率也较低，通信比较稳定可靠。其缺点是传播时延较长。卫星通信已成为现代通信的主要手段之一。

20 世纪 80 年代末发展起来的一种称为"甚小口径终端"的新一代数字卫星通信系统，20 世纪 90 年代广泛应用于远程计算机网络中。如各国的大使馆与国内之间的通信都是通过 VSAT 来实现的。VSAT 通常是由一个卫星转发器、一个大型主站和大量的 VSAT 小站所组成的，能双向传输数据、语音、图像、视频等多媒体综合业务。

VSAT 的优点是设备简单、体积小、耗电小、组网灵活、安装维护简便、通信效率高等。它尤其适应于大量分散的业务量较小的用户共享主站，所以许多部门和企业多使用 VSAT 来建设内部专用网。

# 2.3　数据关键技术

## 2.3.1　数据通信方式

### 1.单工、双工通信

通信方式按传输的方式可分为单工通信、半双工通信和全双工通信，如图 2-7 所示。

（1）单工：是指数据传输的方向始终是一个方向，而不进行相反方向的传输。无线电广播和电视广播都是单工传送的例子。

（2）半双工：数据流可以在两个方向传输，但在同一时刻仅限于一个方向传输，即双向不同时。对讲机就是半双工传输的例子。

（3）全双工：是一种可同时进行双向数据传送的通信方式，即双向同时。电话就是全双工通信的例子。

全双工通信往往采取 4 线制。每 2 条线负责传输一个方向的信号。若采用频分多路复用，可将一条线路分成两个子信道，一个子信道完成一个方向的传输，则一条线路就可实现全双工通信。

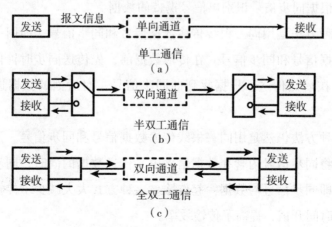

图 2-7　单工、双工通信图

## 2. 码元同步

计算机网络中一般都采用串行传输。在串行通信过程中，接收方必须知道发送数据序列码元的宽度、起始时间和结束时间，即在接收数据码元序列时，必须在时间上保持与发送端同步（步调一致），才能准确地识别出数据序列。这种要求接收方按照所发送的每个码元的频率及起止时间来接收数据的工作方式称为码元同步。在OSI网络模型中，码元的同步是由物理层实现的。实现码元同步有三种方式，如图2-8所示。

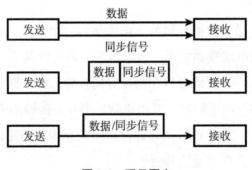

图2-8　码元同步

第一种方法是用一根数据线传输串行数据，用另外一根线传输能反映传输码元的宽度、起始时间和结束时间的同步信号。接收方收到数据信号时，根据同步信号识别出信号携带的数据。

第二种方法是用同一根线传输数据信号和同步信号，即用一根线分时传输数据信号和同步信号。在传输数据前，先传送同步时钟信号，数据信号跟在后面传送。根据收到的同步信号，对后面的数据进行同步接收。

第三种方法仍然是用同一根线传输数据信号和同步信号。但是，在传输时，将同步信号内含在数据信号中，传送数据的同时，同步信号也被传送，即同步信号与数据一起传输。这种方式大大减少了传输同步信号带来的时间开销，提高了传输效率。

曼彻斯特码编码就是采用第三种方式进行数据传输的。由于曼彻斯特码的数据编码无论传送 0 还是 1，其码元中间都会发生跳变，根据这一特点，接收方可以从数据信号中获得每位数据的码元宽度和码元起始、结束位置的信息，实现同步作用。以太网中就是采用曼彻斯特码进行数据传送和实现同步作用的。

3. 异步传输

异步传输方式也叫起止式，它的特点是每一个字符按一定的格式组成一个帧进行传输。即在一个字符的数据位前后分别插入起止位、校验位和停止位构成一个传输帧，如图 2-9 所示。

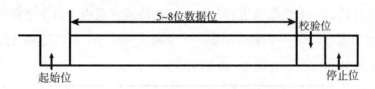

图 2-9　异步传输方式

起始位起同步时钟置位作用，即起始位到达时，启动位同步时钟，开始进行接收，以实现传输字符所有位的码元同步。在异步传输方式中，没有传输发生时，线路上的电平为高电平（空号）。一旦传输开始，起始位来到，线路电平变成低电平，即线路的电平状态发生了变化，指示数据到来。起始位结束意味着字符段开始，字符的位数是事先规定好的，一般为 5 ～ 8 位。字符位结束后，意味校验位开始，校验位对传输字符进行奇偶差错校验，校验位之后是停止位，停止位指示该字符传送结束。停止位结束时，线路上的电平重新变成高电平（空号），意味着线路又重新回到空闲状态。

异步传输由于每一个字符独立形成一个帧进行传输，一个连续的字符串同样被封装成连续的独立帧进行传输，各个字符间的间隔可以是任意的，所以这种传输方式称为异步传输。

由于起止位、检验位和停止位的加入，会引入 20% ～ 30% 的开销，传输的额外开销大，使传输效率只能达到 70% 左右。例如，一个帧的字符为 7 位代码、1 位校验位、1 位停止位，加上起始位的 1 位，则传输效率为 7/（1+7+1+1）=7/10。另外，异步传输仅采用奇偶校验进行检错，检错能力较差。但是，异步传输所需要的设备简单，所以在通信中也得到了广泛的应用。例如，计算机的串口通信就是采用这种方式进行传输的，通过电话线、MO-DEM 上网也是采用异步传输方式实现的。

4. 同步传输

同步传输将一次传输的若干字符组成一个整体数据块，再加上其他控制信息构成一个数据帧进行传输。这种同步方式由于每个字符间不能有时间间隔，必须一个字符紧跟一个字符（同步），所以这种传输方式称为同步传输方式，如图 2-10 所示。

| SYN | SYN | SOH | 报头 | 数据 | ETX |
|-----|-----|-----|------|------|-----|

图 2-10　同步传输方式

按照这种方式，在发生前先要封装帧。即在一组字符（数据）之前先加一串同步字符 SYN 来启动帧的传输，然后加上表示帧开始的控制字符（SOH），再加上传输的数据，在数据后面加上表示结束的控制字符（如 ETX）等。SYN、SOH、数据、ETX 等构成一个封装好的数据帧。

接收方只要检测到连续两个以上 SYN 字符，就确认已进入同步状态，准备接收信息。随后的数据块传送过程中双方以同一频率工作（同步），直到指示数据结束的 ETX 控制字符到来时，传输结束。这种同步方式在传输一组字符时，由于每个字符间无时间间隔，仅在数据块的前后加入控制字符 SYN、SOH、ETX 等同步字符，所以效率更高。在计算机网络的数据传输中，多数传输协议都采用同步传输方式。

组字符采用同步传输和异步传输的示意如图 2-11 所示。同步传输的每个字符间不能有时间间隔（同步），而异步传输的每个字符间的时间间隔可以任意（异步）。

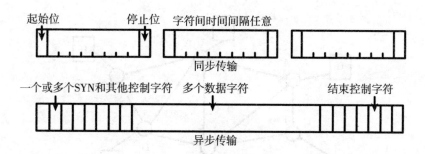

图 2-11　组字符采用同步传输和异步传输示意图

根据同步、异步的概念，可以说异步传输字符间是异步的，而在字符内是比特同步的；而同步传输字符间是同步的，字符内是比特同步的。

### 2.3.2　数据传输交换方式

经编码后的数据在通信线路上进行传输的最简单形式是在两个互连的设备之间直接进行数据通信。但是，网络中互连很多台计算机，将它们全部直接连接是不现实的，通常通过许多中间交换（转发）互连而成。数据从源端发送出来后，经过的中间网络称为交换网。在交换网中，两台计算机进行信息传输，数据分组从源端计算机发出后，经过多个中间结点的转发，最后才到达目的端计算机。信息在这样的网络中传输就像火车在铁路中运行一样，经过一系列交换结点（车站），从一条线路换到另一条线路，最后才能到达目的地。

图 2-12 给出了交换网的拓扑结构。图中的 H 代表计算机主机，中间的 A、B、C、D、E 和 F 为交换结点。

交换结点转发信息的方式就是交换方式。交换又可分为电路交换、报文交换和分组交换三种最基本的方式。

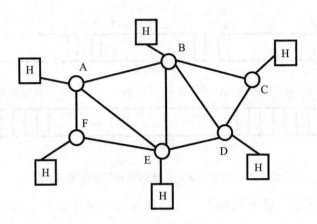

图 2-12 交换网的拓扑结构

1.电路交换

电路交换方式是在数据传输期间，在源主机和目的主机之间利用中间的转接（交换）将一系列链路直接连通，建立一条专用的物理连接线路进行数据传输，直到数据传输结束。电话交换系统通过呼叫来建立这条物理连接线路，当交换机收到一个呼叫后，就在网络中寻找一条临时通路，以供两端的用户通话。这条临时通路可能要经过若干个交换局（中间）的转接建立起来，并且一旦建立，就成为这一对用户之间的临时专用通路，另外的用户不能打断，直到通话结束才拆除连接。

电路交换方式中，用电路交换实现数据传输时，要经过电路连接的建立、数据传输和电路连接的拆除三个过程。

（1）电路连接的建立。数据传输前先通过呼叫完成电路连接的建立。呼叫可以先用电话拨号，拨通后切换到计算机上；也可将计算机直接连接在自动拨号的调制解调器上，在计算机上键入电话号码进行呼叫。呼叫拨号后，经各级电话局的转接，电路连接就建立起来了。

（2）数据传输。电路接通后，呼叫的两个主机就可以进行数据传输了。数据传输沿呼叫接通的链路进行，在传输期间，这条接通的临时专用通路一直被这两台主机占用。

（3）电路连接的拆除。数据传输结束后，要将建立起来的临时专用通路拆除（让出）。拆除实际就是指示构成这条通路的链路已经空闲，可以为其他的通信服务。拆除类似于电话结束后的挂机。

电路交换的优点是传输可靠、迅速、不丢失信息且保持原来的传输顺序，传输期间不再有传输延迟；缺点是建立连接和拆除连接需要时间开销，等待较长的时间，这种交换方式适合于传输大量的数据，在传输少量数据时效率不高。

2. 报文交换

报文交换采取存储—转发方式。它不要求在源主机与目的主机之间建立专用的物理连接线路，只要在源主机与目的主机之间存在可以到达的路径即可。当一个主机发送信息时，它把要发送的信息组织成一个数据包（报文），把目的计算机的地址附加在报文中进行传送，网络中的各转发结点根据报文上的目的地址信息选择路径，把报文向目标方向转发。报文在网络中通过各中间结点逐点转发，最终到达目的主机。在报文交换方式中，中间结点交换是由路由器或路由交换机来实现的。

报文存储—转发各结点的过程为：报文传到一个结点时，先被存储在该结点，并和先到达的其他报文一起排队等候，一直到先到达该结点的报文发送完了，有链路可供该报文使用时，再将该报文继续向前传送，经过多次中间结点的存储—转发，最后到达目标结点，这就是存储—转发名称的由来。

存储—转发方式的结点有如下特点。

（1）每个结点必须有足够大的存储空间（内存或者磁盘）来缓冲（存储）收到的报文，这个存储空间又被称为缓存空间。

（2）每个结点将从各个方向上收到的报文排队，然后依次转发出去，这些都会带来传输时间的延迟。

（3）由于链路的传输条件并不理想，可能会出现差错，因此，从一个结点到另一个结点的传输（相邻结点间的传送）应该有差错控制的功能。

（4）报文到达一个结点时，向前传输的链路往往不止一条，结点需要为该报文选择其中一条链路进行转发传送，这就存在一个路由选择问题。路由选择得好，报文就能较快地到达目的主机；路由选择得不好，报文到达目的主机就会有较大的延迟。

（5）存储—转发方式既然以报文为单位进行传输，那么各结点必须能判别各报文的起始和结束点。

（6）为了保证报文的正常传输，还必须有其他一些特殊功能。例如，为防止网络中的报文过分拥挤，应该采取一些流量控制措施，以及在排队时让一些紧急的报文优先传送等。

（7）数据在传输前必须打包，按报文格式形成报文。即在数据前面加上报头、后面加上报尾。报头、报尾的内容是发送双方的地址信息，指示报文开始、结束的同步信息，实现差错控制的校验码和其他控制信息等，这些信息用于控制报文正确、可靠地传输到目的主机。

存储—转发方式由于可以减少网络通信链路数量，降低线路通信费用，可以方便地实现差错控制和流量控制，另外，还可改变数据的传输速率，控制传输的优先级别，所以计算机网络中一遍都采用存储—转发方式。

报文交换的优点是无须建立专用的物理链路，即传输的双方不独占线路，在传输期间，其他需要通信的双方仍然可以使用线路进行传输。每一对主机都只是断续地使用线路，所以存储—转发方式线路利用率较高。

3.分组交换

对比电路交换与报文交换的特点可知，电路交换的最大优点就是一旦建立起来，通信的传输延迟很小，所以电路交换适用于语音通信之类的交互式实时通信，但缺点是线路利用率低。报文交换的优点是线路利用率高，但由于传输的存储、转发引入的时延太长，不能用于要求快速响应的交互语音通信或其他实时通信。那么，能否找到一种既能保持较高的利用率，又能使传输延迟较小，兼顾电路交换和报文交换的优点的方法呢？

仔细分析报文交换方式可以知道，报文交换延迟大的主要原因是报文太长而导致转发时间及处理时间太长。如果将一份报文分割成若干段分组进行传输，由于分组后报文较短，这就使中间结点排队及处理的时间大大减少，从而减少了传播时延，提高了速度。另外，同属于一个报文的各分组可以同时在网络内分别沿不同路径进行"并行"传输，因此也大大缩短了报文传输经过网络的时间，从而既能保持较高的利用率，也能使传输延迟较小。这种将一份报文分割成若干段分组进行传输的方式称为分组交换。

分组交换由于分组后容量较小，所以可以存储在内存中，大大提高了交换速度；分组交换采用分组纠错，在发现错误时只需重发出错的分组，这可明显地减少出错的重发量，从而提高了传输效率。而报文交换方式中，任何数据出错，都必须将整个报文重新发送，传输效率低。分组传送的示意图如图 2-13 所示。

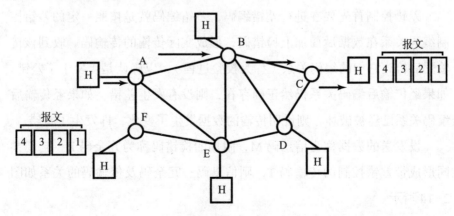

图 2-13　分组传送示意图

进行分组交换时，发送结点先要将传送的信息分割成大小相等的分组（最后一个例外），再进行打包，带上地址信息，指示分组开始、结束的同步信息，实现差错控制的校验码和其他控制信息等，并对每个分组加以编号，然后逐个分组发送，交换结点对分组逐个转发。收到分组后，根据分组编号，重新组装分组，恢复完整的数据信息。

由于分组传输速率远高于报文传输，加上线路技术的不断提高，线路支持的传输速率越来越高，目前计算机网络一般都采用分组传输方式。

## 2.4 差错控制技术

无论通信系统如何可靠，传输中总难免出现误码。通常线路的误码率为 $10^{-5} \sim 10^{-4}$，而网络要求的误码率为 $10^{-11} \sim 10^{-10}$。因此网络中必须采取差错控制措施来提高误码率指标。差错控制主要就是考虑如何发现和纠正信号传输中的差错，提高通信的可靠性。

改善通信可靠性的一个明显措施当然是改善传输介质和通信环境，但是，另外一个廉价和可行的措施是采用差错控制。

差错控制首先要在进行差错编码，差错编码就是按照一定的差错控制编码关系在数据后面加上检错码，形成实际传输的传输码。收到该传输码后检查它们的编码关系（称为校验过程），以确认是否发生了差错。如果经传输后编码关系仍然正确存在，则没有发生差错，如果经传输后编码关系已经被破坏，则说明传输的数据发生了变化，即发生了差错。

设发送的数据称为信息码 M，附加的检错码称为冗余码 R，它们共同形成带差错控制的传输码 T，则信息码、冗余码及传输码的关系如图 2-14 所示。

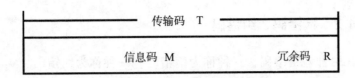

图 2-14　冗余码及传输码的关系

例如，为传送的信息数据码 M 附加上检错冗余码 R，构成线路上传送的传输码 T，然后将传输码 T 从通信信道发向接收方，传输码 T 传送到时，检查信息数据和检错冗余码之间的关系，若仍然存在（由译码器完成），说明传输没有出错；如果关系已被破坏，说明发生了差错，则采取某种措施纠正错误，这就是差错控制方法。

## 2.4.1　差错的起因和特点

通信过程中引起差错的原因大致分为两类：一类是由热噪声引起的随机错误；另一类是由冲击噪声引起的突发错误。

通信线路中的热噪声是由电子的热运动产生的。热噪声时刻存在，具有很宽的频谱，且幅度较小。通信线路的信噪比越高，热噪声引起的差错越少。热噪声差错具有随机性，对数据的影响往往体现在个别位出错上。

冲击噪声源是外界的电磁干扰，如发动汽车时产生的火花，电焊机引起的电压波动等。冲击噪声持续时间短而幅度大，对数据的影响往往是引起一个位串出错，根据它的特点，称其为突发性差错。

此外，由于信号幅度和传播速率与相位、频率有关而引起信号失真，以及相邻线路之间发生串音等都会产生差错，这些差错也具有突发性的特点。

突发性差错影响局部，而随机性差错总是断续存在，影响全局。所以要尽量提高通信设备的信噪比，以满足要求的差错率。此外要进一步提高传输质量，就需要采用有效的差错控制办法。

### 2.4.2 检错码、纠错码

存在两种差错编码，一种称为检错码，一种称为纠错码。

检错码只能通过校验发现错误，不能自动纠正错误，纠正错误则要靠通知传输的数据出错，要求重发或超时控制重发等措施来实现。

检错码方式需要传输系统要有反馈重发的实体部分，所对应的差错控制系统为自动请求重发 ARQ（Auto Repeat Request）系统，ARQ 系统如图 2-15 所示。

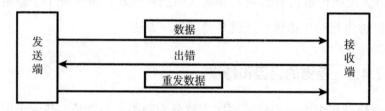

图 2-15　ARQ 系统

纠错码不但可以通过校验发现错误，还可以自动纠正错误。使用纠错码的传输系统不需要差错反馈重发的实体部分，对应的差错控制系统为前向纠错 FEC（Forward Error Control）系统，FEC 系统如图 2-16 所示。

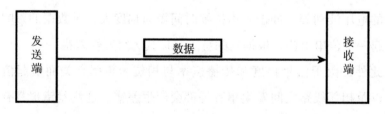

图 2-16　FEC 系统

差错控制系统除了自动请求重发 ARQ 和前向纠错 FEC 系统外，还有一种混合方式的差错控制系统。在混合方式中，对少量的接收差错自动前向纠正，而超出纠正能力的差错则通过自动请求重发方式纠正。

### 2.4.3　奇偶校验码

奇偶校验码是最常用的检错码。其原理是在字符码后增加一位，使码字中含 1 的个数成奇数（奇校验）或偶数（偶校验）。经过传输后，如果其中一位（甚至奇数个多位）出错，则按同样的规则（奇校验或偶校验）就能发现错误。

例如，一个字符码就构成了信息数据码 M，校验位就是检错冗余码 R。假设传输字符码为 M=10110010，采用奇校验时，R=1，构成的传输码为 T=101100101。它们之间的关系就是由信息数据码 M 和检错冗余码 R 构成的传输码 T 中 1 的个数等于奇数个。检查这个关系是否仍然存在，如果仍然是奇数个 1，则认为传输没有出错；如果变成了偶数个 1，则认为发生了差错，显然这种方法简单、实用，但它不能检查出偶数据位出错的情况。

要检查偶数据位出错的情况，可采用水平垂直奇偶校验。对发送的每一个字符做水平奇偶校验，将所有字符的对应位做垂直奇偶校验。

这种方法具有较强的检错能力，还可纠正部分错误。例如仅在某一行和某一列中有奇数位错时，就能确定错码的位置在该行和该列的交叉处，从而纠正它。

### 2.4.4　正反码

正反码是一种简单的能自动纠错的差错编码。正反码的冗余位的个数与信息码位数的个数相同。冗余码的编码与信息码完全相同或者完全相反，由信息码中含"1"的个数来决定。当信息码中含 1 的个数为奇数个时，冗余码与信息码相同；当信息码中含 1 的个数为偶数个时，冗余码为信息码的反码。例如，若信息码 M=01011，则冗余码 R=01011，传输码 T=0101101011；若信息码 M=10010，则冗余码 R=01101，传输码 T=1001001101。

正反码的校验方法为：先将接收码字中的信息位和冗余位按位半加，得到一个 K 位合成码组，若接收码字中的信息位中有奇数个"1"，则取该合成码组作为校验码；若接收码字中的信息位中有偶数个"1"，则取合成码组的反码作为校验码。最后，查表 2-1 校验码对比表，就能判断是否有差错产生。如果有差错发生，还能判断出差错发生的位置，由于二进制中，只有 0 和 1 两个编码，确定了差错位置时，只要将该位置的 0 换成 1，1 换成 0 就纠正了发生的差错。

表 2-1　校验码对比表

| 校验码组 | 差错情况 |
|---|---|
| 全为 0 | 无差错 |
| 4 个 1，1 个 0 | 信息位中有一位差错，其位置对应于校验码组中的"0"位置 |
| 4 个 1，1 个 1 | 信息位中有一位差错，其位置对应于校验码组中的"1"位置 |
| 其他情况 | 差错在两位或两位以上 |

例如，接收到的传输码字为 T=0101101011，接收码字中的信息位和冗余位按位半加得到的合成码组为 0000。由于接收码字中的信息位中有 3 个"1"，属于奇数个"1"情况，则取合成码组作为校验码，故 0000 就是校验码组，查表 2-1 可知，无差错发生。

若传输中发生了差错，收到的传输码为 01111，则合成码为 01111+01011，接收到的码字中的信息位有 4 个"1"，属于偶数个"1"情况，故取合成码组的反码作为校验码校验码组，为 01111，查表 2-1 后，可知信息位的第一位出错，那么将接收到的码字 1101101011 纠正为 0101101011。

若传输中发生了两位错，收到 1001101011，则合成码组为

10011+01011=00001，而此时校验码组为 11000，查表后可判断为两位或两位以上的差错。

正反码编码效率较低，只有 50%，但其检错能力还是比较强的，如上述长度的 10 位码，能检测出全部两位差错和大部分两位以上的差错，并且还具有自动纠正一位差错的能力。由于正反码编码效率较低，只适用于信息位较短的场合。

## 2.5　数据通信网的结构

计算机通信网络包括内层的通信子网和外层的资源子网两部分，其中通信子网就是数据通信网。

根据实际应用需要，数据通信网可以连成多种拓扑结构，典型的拓扑结构有六种，分别为总线形、环形、星形、树形、网状形、全联通网形。从拓扑结构来看，网络内部的主机、终端、交换机都可以称为结点。

总线形结构通常采用广播式信道，即网上的一个结点（主机）发信时，其他结点均能接收总线上的信息。

环形结构采用点到点通信，即一个网络结点将信号沿一定方向传送到下一个网络结点，信号在环内依次高速传输，如图 2-17（a）所示。为了可靠运行，也常使用双环形结构。

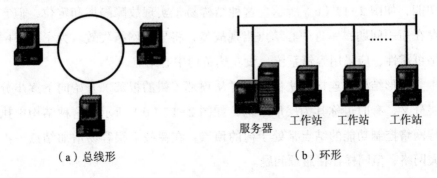

（a）总线形　　　　　　　　　　　　（b）环形

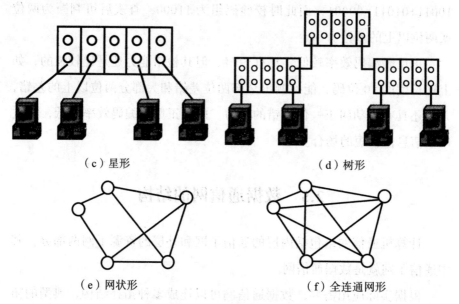

（c）星形　　　　　　　　　　　　　　（d）树形

（e）网状形　　　　　　　　　　　　　（f）全连通网形

图 2-17　网络拓扑结构

总线形结构通常采用广播式信道，即网上的一个结点（主机）发信时，其他结点均能接收总线上的信息，如图 2-17（c）所示。

环形结构采用点到点通信，即一个网络结点将信号沿一定方向传送到下一个网络结点，信号在环内依次高速传输，如图 2-17（a）所示。为了可靠运行，也常使用双环形结构。

星形结构中有一中心结点（集线器 HUB），执行数据交换网络控制功能，如图 2-17（c）所示。这种结构易于实现故障隔离和定位，但它存在瓶颈问题，一旦中心结点出现故障，将导致网络失效。为了增强网络可靠性，应采用容错系统，设立热备用中心结点。

树形结构的连接方法像树一样从顶部（树的根部）开始向下逐步分层分叉，有时也称其为层形结构，如图 2-17（d）所示。这种结构中执行网络控制功能的结点常处于树的顶点，在树枝上很容易增加结点，扩大网络，但同样存在瓶颈问题。

网状形结构的特点是结点的用户数据可以选择多条路由通过网络，

网络的可靠性高，但网络结构、协议复杂，如图 2-17（e）所示。目前大多数复杂交换网都采用这种结构。当网络结点为交换中心时，常将交换中心互连成全连通网形，如图 2-17（f）所示。

# 2.6　数据通信网的分类

可以从不同的角度对数据通信网进行分类。

## 2.6.1　按服务范围分

（1）广域网 WAN（Wide Area Network）。广域网的服务范围通常为几十到几千公里，有时也称为远程网。

（2）城域网 MAN（Metropolitan Area Network）。城域网的地理范围比局域网大，可跨越几个街区，甚至整个城市，有时又称都市网。MAN 可以为几个单位所拥有，也可以是一种公用设施，用来将多个 LAN 互连。对 MAN 来说，光纤是最好的传输媒介，可以满足 MAN 高速率、长距离的要求。

（3）局域网 LAN（Local Area Network）。局域网通常限定在一个较小的区域之内，一般局限于一幢大楼或建筑群，一个企业或一所学校，局域网的直径通常不超过数千米。对 LAN 来说，一幢楼内传输媒介可选双绞线、同轴电缆，建筑群之间可选光纤。

## 2.6.2　按交换方式分类

按交换方式分类，可分为电路交换网、分组交换网（又称 X.25 网）、帧中继网、异步传送模式 ATM 等。

还有很多分类方法，如按使用对象可分为公用网和专用网等。

# 第 3 章　计算机网络体系结构

## 3.1　计算机网络体系结构简述

### 3.1.1　网络体系结构的发展

随着计算机技术和通信技术的发展，计算机网络通信面临诸多问题，如通信介质差异，硬件接口差异、主机系统差异、通信协议差异等。对于这些复杂的情况，很难采用一种简单的方式来完成网络通信。计算机网络体系结构就是为简化这些问题的研究、设计和实现而抽象出来的一种结构模型。

1974 年，美国的 IBM 公司首先提出了网络体系结构的概念，使网络发展进入体系结构标准化阶段。其后，其他计算机厂商相继发表各自的网络体系结构标准，如 DEC 公司的数字网络体系结构，UNIVAC 公司的分布式计算机体系结构。

不同的网络体系结构出现后，使用同一公司生产的各种设备都能很容易地互联成网络，但是如果购买了其他公司的产品，那么由于网络体系结构的不同，就很难互联互通。然而，全球经济及技术发展使得不同网络体系结构的用户迫切要求能够互相交换信息。为使不同网络体系结构的计算机网络能够互联互通，国际标准化组织于 1984 年制定了开放系统互联参考模型（open system interconnection/reference model，OSI/RM），简称 OSI，从而形成网络体系结构的国际标准。不同厂商的计算机和网络设备及不同标准的计算机网络只要遵守 OSI 体系结构，就能够实现互相连接、互相通信和互相操作。

OSI 试图达到一种理想的境界，即全世界的计算机网络都遵循这个统一的标准，则全世界的计算机将能够很方便地进行互联和信息交换。OSI 出现后，获得了很多政府和商业机构的支持，前景一片光明。但是，由于 OSI 过于理想化、技术化，没有充分考虑到商业因素，最终事与愿违。OSI 只获得了一些理论研究的成果，在市场化方面则惨败。

在 20 世纪 80 年代，将 OSI 打败的是 TCP/IP 网络体系结构，一个网络厂商之间竞争和妥协的产物。TCP/IP 制定的时候，充分考虑了网络的现实状况，并且有应用最为广泛的 TCP/IP 协议的强力支持，因而具有很好的实用性。目前，几乎所有的计算机网络采用的都是 TCP/IP 网络体系结构，使用的是 TCP/IP 协议，其占有了绝对的市场份额，是计算机网络事实上的国际标准。

### 3.1.2　网络体系结构的分层原理

人类的思维能力不是无限的，如果同时面临的因素太多，就不可能有精确的思维。处理复杂问题的一个有效方法就是用抽象和层次的方式去构造与分析，将其分解为若干个具有层次结构的、容易处理的小问题。快递系统就是一个涉及全国乃至全世界物流的复杂问题，解决的方法就是将总任务分解成若干个子任务，这些子任务分配在不同的层次中，如图 3-1 所示。

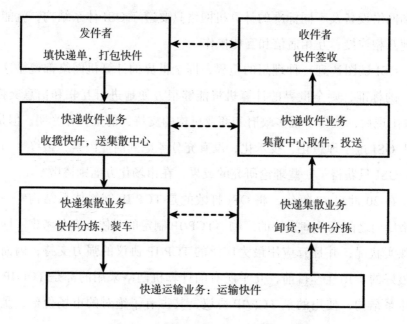

图 3-1　快递系统的分层结构示意图

　　快递发件、收件的全过程可以分为 4 个层次，每个层次所提供的服务及实现过程有明确规定，不同系统具有相同的层次结构，同等层的功能相同，高层使用低层提供的服务。

　　网络体系结构同样采用了分层描述的方法，将整个网络的通信功能划分为多个层次，每层各自完成一定的任务，而且功能相对独立。相邻两层由接口连接，实现功能的过渡，下层可以通过接口向上一层提供服务。依靠层间接口连接和各层特定的功能，可实现不同类别及要求的两个系统之间的信息传递。

　　从分层通信的角度来看，两个系统之间进行通信，需满足以下条件：层次对等，双方要有完成相同功能的对等层次，通信在对等层次上进行；层次协议，对等层通信时，要遵守一系列共同的约定，即协议；层次接口，是层次间信息传递的途径。

网络体系结构分层的优点是：各层之间独立性强，每层功能相对单一，适应性强，灵活性好，易于实现和维护，有利于促进标准化。

### 3.1.3　网络协议

共享计算机网络资源，以及在网络中交换信息，就需要实现不同系统中实体间的通信。这里，实体包括用户应用程序、文件传输信息包、数据库管理系统、电子邮件设备及终端等。两个实体要想成功地通信必须具有相同的语言，如同人与人之间的交流，需使用双方均能理解的语言系统进行交流，否则无法沟通。交流什么，如何交流，以及何时交流，都必须遵从实体间相互都能接受的一些规则，这些规则的集合称为协议。

网络协议，简称协议，是为进行网络中数据交换而建立的规则、标准或约定，主要由三个要素组成：语法、语义和同步。

语法：即用户数据与控制信息的结构与格式。

语义：解释控制信息每个部分的意义，规定了需要发出何种控制信息，以及完成的动作和做出何种响应。

同步：是对事件实现顺序的详细说明。

简单地说，语义表示要做什么，语法表示要怎么做，同步表示做的顺序。

由于网络结点之间联系的复杂性，在制定协议时，通常把复杂成分分解成一些简单成分，然后再将它们复合起来，即采用层次方式。网络协议的层次结构有以下特征。

（1）结构中的每一层都规定有明确的服务及接口标准。

（2）把用户的应用程序作为最高层。

（3）除了最高层外，中间的每一层都向上一层提供服务，同时又是下一层的用户。

（4）把物理通信线路作为最低层，它使用从最高层传送来的参数，是提供服务的基础。

常见的协议有 TCP/IP 协议、IPX/SPX 协议、NetBEUI 协议等。

TCP/IP 协议毫无疑问是最重要的一个协议，作为互联网的基础协议，没有它就根本不可能上网，任何和互联网有关的操作都离不开 TCP/IP 协议。TCP/IP 是 Internet 采用的一种标准网络协议，它是由 ARPANET 于 1977 年到 1979 年推出的一种网络体系结构和协议规范。随着 Internet 的发展，TCP/IP 协议也得到进一步的研究开发和推广应用，成为 Internet 上的"通用语言"。ARPANET 成功的主要原因正是因为它使用了 TCP/IP 协议。

IPX/SPX（Internetwork packet exchange/sequences packet exchange，Internet 分组交换 / 顺序分组交换）是基于 XEROX'S Network System（XNS）的协议，而 SPX 是基于 XEROX'S SPP（sequenced packet protocol，顺序包协议）的协议，它们都是由 Novell 公司开发出来应用于局域网的一种高速协议。它和 TCP/IP 的一个显著不同就是它不使用 IP 地址，而是使用网卡的物理地址（MAC 地址）。在实际使用中，IPX/SPX 协议基本不需要什么设置，装上就可以使用了。由于其在网络普及初期发挥了巨大的作用，所以得到了很多厂商的支持，包括 Microsoft 等，到现在很多软件和硬件也均支持该协议。

NetBEUI 即 NetBIOS Enhanced User Interface（NetBIOS 增强用户接口），它是 NetBIOS 协议的增强版本，曾被许多操作系统采用，如 Windows for Workgroup、Windows 9x 系列、Windows NT 等。Net-BEUI 协议在许多情形下很有用，是 Windows 98 之前的操作系统的缺省协议。总之，NetBEUI 协议是一种短小精悍、通信效率高的广播型协议，安装后不需要进行设置，特别适合于在"网络邻居"传送数据。

## 3.2　OSI 参考模型

OSI 参考模型是由国际标准化组织于 1983 年正式批准的网络体系结构模型。该模型力图使在网络体系结构的各个层次之上工作的协议统一化、标准化。该模型建立之后得到了大量的支持，虽然最后在市场化竞争中惜败于 TCP/IP 模型，但是极大促进了计算机网络技术的发展。

OSI 参考模型将计算机网络划分为 7 层模型，从低到高依次是物理层、数据链路层、网络层、传输层、会话层、表示层和应用层，如图 3-2 所示。

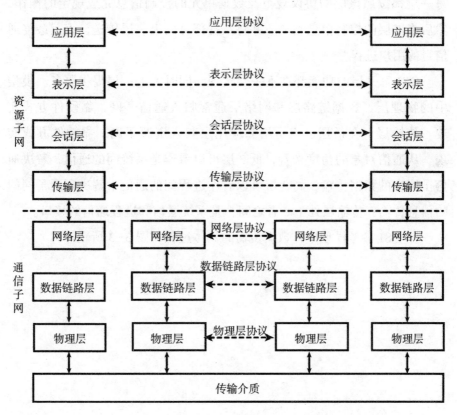

图 3-2　OSI 的 7 层模型

要进行通信的源用户进程首先将要传输的数据送至应用层，并由该层的协议根据协议规范进行处理，为用户数据附加控制信息，形成应用层协议数据单元后，送至表示层。表示层根据本层协议规范对收到的应用层协议数据单元进行处理，给应用层协议数据单元加上表示层的控制信息，形成表示层协议数据单元后，再将其传送至下一层。依次类推，数据按这种方式逐层向下传送至物理层，最后由物理层实现比特流形式的传送。

当比特流沿着传输介质经过各种传输设备到达目标系统后，接收数据按照发送数据的逆过程传送。比特流从物理层开始逐层向上传送，在每一层都按照该层的协议规范及数据单元的控制信息完成规定的操作，然后将本层的控制信息剥离，并将数据部分向上一层传送，直至最终通信目的用户进程。

OSI 每一层的功能都在下一层实现，同时为上一层提供服务。模型中的物理层、数据链路层和网络层通常归入通信子网，靠硬件方式实现。传输层、会话层、表示层和应用层归入资源子网，靠软件方式实现。从通信对象的角度来看，低 3 层可以看作是系统间的通信，解决通信子网中的数据传输；高 3 层可以看作进程间的通信，解决资源子网间的信息传输；传输层处于二者之间，是系统通信和进程通信的接口。

在 OSI 参考模型中，数据传输的具体过程如图 3-3 所示。

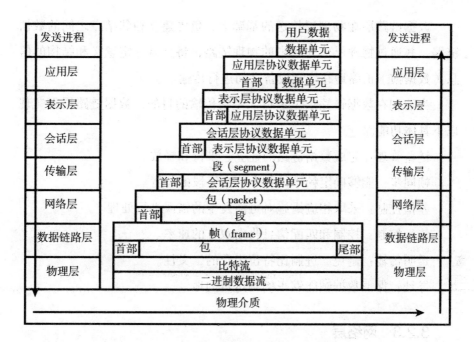

**图 3-3　OSI 参考模型中的数据传输过程**

OSI 参考模型中的每一层均有各自负责的功能。

### 3.2.1　物理层

物理层是 OSI 参考模型的最底层，该层的协议数据单元是二进制比特流。物理层的作用是通过传输介质发送和接收二进制比特流，为数据链路层提供物理连接。为此，该层定义了与物理链路的建立、维护和拆除有关的机械、电气、功能和规程特性，包括信号线的功能、"0" 和 "1"信号的电平表示、数据传输速率、物理连接器规格及其相关的属性等。

### 3.2.2　数据链路层

数据链路层是 OSI 模型的第 2 层，该层的协议数据单元是帧。帧包含物理地址（MAC 地址）、控制码、数据及校验码等信息。

数据链路层在物理层传送的基础上，负责建立相邻结点之间的数据链路，并通过物理层建立起来的物理链路，将具有一定意义和结构的信息（数据帧）正确地在终端设备之间进行传输。

为达到在数据链路层上进行无差错传输的目的，数据链路层需实现以下具体功能。

链路管理：完成数据链路的建立、维持和释放。

帧同步：能够确定帧中的各个信息字段的位置。

差错控制：采取相应措施对可能发生的错误进行处理。

流量控制：控制和匹配信息收发双方的速率。

透明传输：避免二进制比特位组合的二义性。

寻址：保证数据帧能够正确到达目的地。

### 3.2.3　网络层

网络层是 OSI 模型的第 3 层，该层的协议数据单元是包。

数据链路层解决的是"链路"，即两台相邻设备之间的通信，而实际应用中，两台设备可由"链路"组成的"通路"解决数据传输问题。

网络层的作用是完成网络中任意主机之间的数据传输，其关键问题是如何将数据包从源主机路由到目的主机，即寻址和路由选择问题。为达到上述目的，网络层需实现以下功能。

路由选择：根据通信网络状况，按照一定的策略为数据包选择一条可用的传输路由，将数据包发往目的主机。路由选择是网络层的核心功能。

拥塞控制：对流入的数据包数量进行控制，以避免通信子网中出现过多的数据包而造成网络阻塞。

网络互联：负责解决不同通信子网之间的数据传输问题，允许不同种类的网络之间互联。

### 3.2.4　传输层

传输层是 OSI 模型的第 4 层，是 OSI 模型的中间层，该层的协议数据单元是段。

传输层的基本功能是接收会话层发来的数据，进行分段；建立端到端连接（如主机 A 到主机 B 的连接）；保证数据从一端（主机 A）正确传送到另一端（主机 B）。

在数据传输层，只关心数据传输的双方（源端与目的端，主机 A 与主机 B），而不关心中间结点的存在，认为传输层的报文数据是直接从源端（主机 A）到目的端（主机 B）的。这就是所谓的端到端，即主机到主机。传输层是个真正的端对端的层，所有的处理都是按照源端到目的端进行的。传输层协议是源端到目的端之间的协议。而传输层以下各层的协议都是面向直接相邻设备之间的信息交互协议。

传输层向用户提供可靠的端对端服务，其主要功能包括服务选择、连接管理、流量控制、拥塞控制和差错控制等。传输层各种功能的目的一是为了向高层屏蔽通信处理的细节，二是尽可能地提高传输的服务质量。传输层是计算机网络通信系统中最关键的一层。

### 3.2.5　会话层

会话层是 OSI 模型的第 5 层。从会话层开始，会话层表示层和应用层一起构成了 OSI 的高层协议。

会话层的主要功能是实现互联主机的通信。通过执行多种机制，在应用程序间建立、维持和终止会话。所谓会话，是指有始有终的系列动作和消息。例如打电话时，从拿起电话拨号，到相互交流，再到挂断电话，这中间的一系列过程就可以称为一个会话。

会话层利用传输层提供的端对端数据传输服务，具体实施服务请求者与服务提供者之间的通信，属于进程间通信范畴。

### 3.2.6　表示层

表示层是 OSI 模型的第 6 层。表示层主要用于处理两个通信系统中信息的表示方式，以保证一个主机应用层的消息可以被另一个应用程序理解。此外，表示层还提供了数据压缩和数据加密等服务，以提高网络传输效率并解决传输安全问题。

表示层的主要功能如下。

语法转换：完成抽象语法和传送语法的相互转换，其中涉及数据表示和编码内容。

连接管理：用会话层服务建立表示连接，管理此连接上的数据传输和同步控制，正常或异常终止连接等。

### 3.2.7　应用层

应用层是 OSI 模型的最高层，是用户与网络的接口。

应用层提供了大量的应用协议来满足网络用户千差万别的应用需求。应用层协议一方面要确定应用程序进程之间通信的性质，以满足信息传输的特殊需求；另一方面还要负责执行用户信息的语义表示工作，在两个通信进程之间进行语义匹配以实现信息的交互过程。

应用层协议种类繁多，常用的有文件传输、访问和管理协议，目录服务协议，虚拟终端协议，远程数据库访问协议及事务处理协议等。用户可以通过各种应用协议支持的接口来使用这些协议提供的各种网络服务，访问计算机网络的各种资源，还可以以这些协议为基础进一步开发、定制适合自己需求的网络应用程序。

# 3.3　TCP/IP 体系结构

## 3.3.1　TCP/IP 体系结构的产生

20 世纪 80 年代是 OSI 参考模型如火如荼的时候，那个时候 OSI 刚刚提出，许多大公司甚至很多国家政府都明确支持 OSI。从表面上看，形势一片大好，将来 OSI 一定是国际标准。全世界都将会按照 OSI 制定的标准来构造自己的计算机。但是 10 年以后，OSI 参考模型黯然失色，TCP/IP 体系结构取代它成为事实上的国际标准。其原因有很多，首先是 TCP/IP 体系结构简单易用，倍受市场青睐。其次，起源美国的因特网起到推波助澜的作用。因为当时 OSI 模型还没有完全建立起来，使用 TCP/IP 的因特网已抢先在世界上覆盖了相当大的范围。几乎垄断软硬件制造的美国制造商都纷纷把 TCP/IP 协议固化到网络设备与网络软件中也是原因之一。当然，概念清楚，体系结构理论完整的 OSI 模型也有明显的缺点。OSI 协议过分复杂以及 OSI 标准的制定周期过长使得它在市场化方面严重失败，甚至现今市场上几乎找不到有什么厂家生产出来的符合 OSI 标准的商用产品。

经过市场化的洗礼，简单易用的 TCP/IP 体系结构已经成为事实上的国际标准，现在所有的设备都遵循这个标准。其实这个体系结构早期只是 TCP/IP 协议而已，它并没有一个明确的体系结构。后来因为 TCP/IP 协议的广泛使用并成为主流，使得人们开始对其进行归纳整理并形成了一个简单的四层体系结构，它包括：网络接口层、互联层、传输层和应用层。它把 OSI 冗繁的会话层、表示层、应用层合并为应用层；把数据链路层、物理层合并为网络接口层。TCP/IP 体系结构与 OSI 参考模型的对应关系如图 3-4 所示。

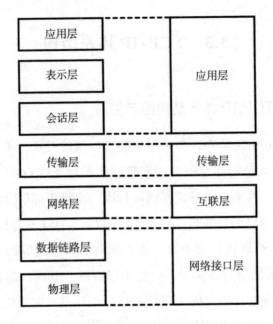

图 3-4 TCP/IP 体系结构与 OSI 参考模型的对应关系

## 3.3.2 TCP/IP 协议簇

TCP/IP 因两个主要协议 TCP 协议和 IP 协议而得名。通常所说的 TCP/IP 协议实际是多个独立定义的协议的组合，包含大量的协议和应用，因而称其为 TCP/IP 协议簇。

TCP/IP 协议簇及其层次结构如图 3-5 所示。

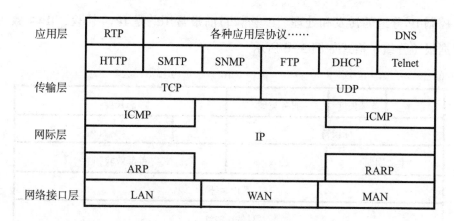

图 3-5 TCP/IP 协议簇及其层次结构

1. 网际层协议

网际层最主要的协议是 IP 协议（internet protocol，网际协议）。IP 协议是 TCP/IP 协议簇的核心协议，主要提供无连接的分组传输和路由服务。

IP 协议是在由网络连接起来的源计算机和目的计算机之间传送的协议。它提供对数据大小重新组装的功能，以适应不同网络对报文的要求。IP 协议模块的基本操作过程如下。

（1）首先接收由高层协议传递过来的数据，将该数据封装为 IP 分组后通过网络接口发送出去。

（2）若分组的目的地在本地网络中，则直接将分组发送给目的主机，否则将分组传送给本地路由器。

（3）本地路由器首先查看该分组的目的地是否在自己连接的其他网段上，若是，则把分组向目的地网段，否则本地路由器就会根据路由表中的路由选择信息将分组传送给下一台路由器，而下一台路由器也将执行相同的过程。

IP 分组也称为 IP 数据报，由报头和数据两部分组成。传输层的数据交给 IP 协议后，IP 协议在其之前加上 IP 数据报头，用于在传输途中控制 IP 分组的转发和处理。IP 协议目前最常用的是 IPv4 协议，IPv4 数据报（分组）格式如图 3-6 所示。

| 0 | 4 | 8 | 16 | 19 | 24 | 31 |

| 版本 | 首部长度 | 服务类型 | 总长度 | | | |
|---|---|---|---|---|---|---|
| 标识符 | | | 标志 | 片偏移 | | |
| 生命周期 | | 协议 | 首部效验和 | | | |
| 源IP地址 | | | | | | |
| 目的IP地址 | | | | | | |
| 可选部分 | | | | 填充 | | |
| 数据 | | | | | | |

图 3-6　IPv4 数据报格式

除 IP 协议外，网际层还包含网际控制报文协议、网际组管理协议、地址解析协议和逆向地址解析协议。

（1）网际控制报文协议。主要用于在主机与路由器之间传递控制信息，包括报告错误、交换受限控制和状态信息等。ICMP 提供一致易懂的出错报告信息。ICMP 发送的出错报文返回到发送原数据的设备，发送设备随后可根据 ICMP 报文确定发生错误的类型，并确定如何才能更好地重发失败的数据报。当然，ICMP 协议的功能是报告问题而不是纠正错误，纠正错误的任务由发送方完成。

网络中经常会使用到 ICMP 协议。例如，用于检查网络连通的 Ping 命令，其运行过程实际上就是 ICMP 协议工作的过程。跟踪路由 Tracert 命令同样也是基于 ICMP 协议的。

（2）网际组管理协议。负责 IP 组播成员管理，用来在 IP 主机和与其直接相邻的组播路由器之间建立、维护组播组成员关系。该协议让物理网络上的所有系统获悉主机当前所在的多播组，以便多播路由器向合适的端口转发多播数据报。

（3）地址解析协议。在局域网中，网络中实际传输的是帧，帧里面是有目标主机的 MAC 地址的。在以太网中，一个主机要和另一个主机进行直接通信，必须知道目标主机的 MAC 地址，这个 MAC 地址就是通过 ARP 协议获得的。所谓地址解析，就是主机在发送帧前将目标 IP 地址转换成目标 MAC 地址的过程。ARP 协议的基本功能是通过目标设备的 IP 地址，查询目标设备的 MAC 地址，以保证通信的顺利进行。

（4）反向地址转换协议。反向地址转换协议（RARP）协议允许局域网的物理机器从网关服务器的 ARP 表或者缓存上请求其 IP 地址。RARP 协议允许局域网的物理机器从网关服务器的 ARP 表或者缓存上请求其 IP 地址。当设置一台新的机器时，其 RARP 客户机程序需要向路由器上的 RARP 服务器请求相应的 IP 地址。

2. 传输层协议

TCP/IP 在传输层主要提供两个协议，即面向连接的、可靠的端对端传输服务的传输控制协议和面向无连接的、不可靠的端对端传输服务的用户数据报协议。

（1）TCP 协议。TCP 协议为两台主机提供高可靠性的数据通信服务。所做的工作包括把应用程序交给其的数据分成合适的小块交给网际层，确认接收的分组，设置发送最后确认分组的超时时钟等。这样，应用层就可以忽略所有这些细节。

TCP 协议提供了一种可靠的数据流传输。当因传送数据受差错干扰、网络基础故障或网络负荷太重而使网际基本传输系统不能正常工作时，就可以通过 TCP 协议来保证通信的可靠。TCP 协议在 IP 协议的基础上，提供端对端的、面向连接的可靠传输。

TCP 协议通过两次确认、三次握手来实现可靠的连接。首先通信双方都处于接收对方请求连接的状态，发送方请求与接收方连接，为第一次请求；接收方收到该请求后，若同意建立连接则发出第二次请求，并对发送方请求予以确认；发送方收到此请求后，进行第三次请求，并对接收方请求予以确认，之后再开始发送数据。只有第三次请求实现后才能证明双方建立了可靠的连接，从而保证 TCP 的可靠。

（2）UDP 协议。UDP 协议把分组（数据报）从一台主机发送到另一台主机，但并不保证该分组能到达另端。任何所需的可靠性都必须由应用层来提供。

UDP 协议是对 IP 协议组的扩充，其增加了一种机制，可以使发送方区分一台计算机上的多个接收者。每个 UDP 报文除了包含用户进程发送数据外，还有报文目的端口编号和报文源端口编号。UDP 协议的这种扩充，使得两个用户进程之间的数据报递送成为可能。

UDP 协议是依靠 IP 协议来传送报文的，因而其服务与 IP 协议一样是不可靠的。这种服务不用确认，不对报文排序，也不进行流量控制，UDP 报文可能会出现丢失、重复、失序等现象。

3. 应用层协议

TCP/IP 模型的应用层包括了所有的高层协议，而且不断有新的协议加入。表 3-1 列出了在不同机型上广泛实现的应用层协议及功能。

表 3-1　应用层协议及其功能简介

| 协议名称 | 功能简介 |
| --- | --- |
| 超文本传输协议<br>（hyper text transfer protocol，HTTP） | 实现 Internet 客户机和 WWW 服务器之间的数据传输 |
| 文件传输协议<br>（file transfer protocol，FTP） | 实现主机之间的文件传输 |
| 简单邮件传输协议<br>（simple mail transfer protocol，SMTP） | 实现电子邮件的中转和传送 |

续　表

| 协议名称 | 功能简介 |
| --- | --- |
| 简单网络管理协议<br>（simple network management<br>protocol，SNMP） | 实现 IP 网络中网络结点的管理 |
| 动态主机配置协议<br>（dynamic host configuration<br>protocol，DHCP） | 实现对主机 IP 地址的自动分配和配置工作 |
| 路由信息协议<br>（routing information protocol，RIP） | 实现网络设备之间路由信息的交换 |
| 远程终端协议（Telnet） | 实现远程登录功能 |
| 域名系统服务<br>（domain name system，DNS） | 实现域名到 IP 地址的映射 |
| 网络文件系统<br>（network file system，NFS） | 实现网络主机之间的文件系统共享 |

### 3.3.3　IP 地址

Internet 采用一种全局通用的地址格式为全网的每一台主机分配一个 Internet 地址，以此屏蔽物理网络的差异。即通过 IP 协议将主机和物理地址隐藏，在网络层使用统一的 IP 地址，每个 IP 地址在 Internet 范围内具有唯一性。

所有 IP 地址都由国际组织网络信息中心负责统一分配。目前，全世界共有 3 个这样的网络信息中心：ENIC，负责欧洲地区 IP 地址的分配；APNIC，负责亚太地区 IP 地址的分配；InterNIC，负责美国及其他地区 IP 地址的分配。在我国申请 IP 地址要通过 APINIC，其总部设在日本东京大学。

IP 地址是通过 IP 协议来实现的，IPv4 是目前最为广泛应用的 IP 协议版本，本部分主要介绍 IPv4 协议中的 IP 地址及相关概念。

## 3.4　OSI 参考模型与 TCP/IP 参考模型比较

OSI 参考模型与 TCP/IP 参考模型有许多相似的地方。首先，OSI 参考模型与 TCP/IP 参考模型均采用层次结构，按功能划分系统模型的层次，都是基于独立协议栈的概念；其次，OSI 参考模型和 TCP/IP 参考模型对等层的功能相似，如两个参考模型中的传输层（及其以上各层）的功能都是为通信进程提供端到端的与网络无关的传输服务，这些层构成整个通信系统的传输服务提供者；最后，在 OSI 参考模型与 TCP/IP 参考模型中，传输层以上的各层都是面向不同具体应用的传输服务的使用者。

OSI 参考模型与 TCP/IP 参考模型也存在以下几个方面的区别。

（1）OSI 参考模型对服务、接口与协议这三个概念给出了非常清晰明确的定义。模型中的每一层向其上层提供某种服务。服务定义标明了该层所做内容，即提供什么服务。但是，服务定义并不涉及上层如何调用该服务以及该层如何实现服务。每一层的接口标明上层进程如何访问该层的服务，如调用服务时使用的参数以及预期的返回结果等。但是，接口不涉及该层如何实现该服务。对等层之间使用什么协议完全由该层本身决定。只要能够完成本层的服务，该层可以使用任何协议，甚至更换协议也不会影响高层软件。而 TCP/IP 参考模型从一开始就没有清晰地区分服务、接口与协议这三个概念。相比之下，OSI 参考模型给出清晰的服务、接口与协议的概念，更符合现代面向对象程序设计（Object-Oriented Programming，OOP）的理念，具有更好的信息隐藏特性，更易于替换。

（2）OSI 参考模型是在相关协议被开发之前设计出来的。这意味着 OSI 参考模型并不是针对某个或某一组特定的协议而设计的，因此它具有较强的通用性。但是，先有模型后有协议也存在一定的问题。由于模型的设计者在设计模型的时候对于具体协议的内容并不十分熟悉，因此对于应该将哪些功能放到哪一层并没有很成熟的想法。与 OSI 参考模型相反，TCP/IP 参考模型是先有协议后有模型。TCP/IP 参考模型实际上只是已有协议的一个理论概括和归纳而已。因此，TCP/IP 协议与 TCP/IP 参考模型十分契合。TCP/IP 参考模型仅适合于 TCP/IP 协议栈，该模型对其他的非 TCP/IP 网络并不适用。换言之，TCP/IP 参考模型的通用性较差。

（3）两个参考模型的层数不同。OSI 参考模型有七层，而 TCP/IP 参考模型只有四层。两个模型共有的层次是应用层、传输层与网络层（互连层）。除了这三层之外，两个模型其他的层次各不相同。

（4）两个参考模型在提供面向连接通信和无连接通信方面有所不同。OSI 参考模型在网络层中既提供面向连接通信又提供无连接通信，而在传输层只提供面向连接通信。与之相对的是，TCP/IP 参考模型在网络层中仅提供无连接通信，而在传输层既提供面向连接通信（TCP 协议）又提供无连接通信（UDP 协议）。

# 第 4 章　局域网组技术及其应用

## 4.1　局域网概述

### 4.1.1　局域网的特征

局域网是利用通信线路将近距离内的计算机及外设连接起来，以达到数据通信和资源共享的目的。局域网的研究始于 20 世纪 70 年代，典型代表是 Ethernet。

局域网具有几个特征：为一个单位所拥有，地理范围和站点数都有限；所有的站点共享较高的总带宽（较高的数据传输速率）；较低的延迟和较低的误码率；能进行广播（广播指一站向所有其他站发送。一个站向多个站发送，又称为多播或组播）。

有限的区域使 LAN 内的计算机及其他设备局限于一幢大楼或相邻的建筑群内，受外界的干扰很小，加上使用高质量的通信线路，使局域网的传输误码率极低。局域网内的站点相距不远，一般不采用速率较低的公用电话线，而使用高质量的专用线，如同轴电缆、双绞线、光纤等，这类传输介质抗干扰性强，具有较高的数据传输率。铜缆传输速率目前可达 1000 Mbit/s 以上，光纤的传输速率可达 10 Gbit/s。由于局域网通常只属于一个单位或部门，因此网络设计受到非技术性因素的影响较小。局域网的工作站和服务器通常都是微机（服务器也可能是小型机），这既能降低组网费用，又容易为用户接受。

### 4.1.2　以资源共享为主要目的的局域网的主要功能

（1）信息交换功能。信息交换是局域网的最基本功能，也是计算机网络最基本的功能，主要完成网络中各结点之间的系统通信。

（2）实现资源共享。共享网络资源是开发局域网的主要目的，网络资源包括硬件、软件和数据。硬件资源有处理机、存储器和输入 / 输出设备等，它是共享其他资源的基础。软件资源是指各种语言处理程序、服务程序和应用程序等。数据资源则包括各种数据文件和数据库中的数据等。在目前的局域网中，共享数据资源处于越来越重要的地位。共享资源可解决用户使用计算机资源受地理位置限制的问题，也避免了资源重复设置造成的浪费，更大大提高了资源的利用率，提高了信息的处理能力，节省了数据处理的费用。

（3）数据信息的快速传输、集中和综合处理局域网是通信技术和计算机技术结合的产物，分布在不同地区的计算机系统可以及时、高速地传递各种信息。随着多媒体技术的发展，这些信息不仅包括数据和文字，还可以是声音、图像和动画等。

局域网可将分散在各地的计算机中的数据信息适时集中和分组管理，并经过综合处理后生成各种报表，供管理者和决策者分析和参考，如政府部门的计划统计系统、银行与财政及各种金融系统、数据的收集和处理系统、地震资料收集与处理系统、地质资料采集与处理系统和人口普查信息管理系统等。

（4）提高系统的可靠性。当局域网中的某一处发生故障时，可由别的路径传送信息或转到别的系统中代为处理，以保证该用户的正常操作，不会因局部故障而导致系统瘫痪。又假如某一个数据库中的数据因处理机发生故障而遭到破坏，可以使用另一台计算机的备份数据库进行处理，并恢复被破坏的数据库，从而提高系统的可靠性。

（5）有利于均衡负荷。合理的网络管理可将某一时刻处于重负荷的计算机上的任务分送到别的负荷轻的计算机去处理，以达到负荷均衡的目的。对于地域跨度大的远程网络来说，可以充分利用时差因素来达到均衡负荷。

### 4.1.3 局域网的分类

局域网的分类要看从哪个角度来分。由于存在着多种分类方法，因此一个局域网可能属于多种类型。对局域网进行分类经常采用以下方法：按拓扑结构分类、按传输介质分类、按访问介质分类和按网络操作系统分类。

1. 按拓扑结构分类

局域网经常采用总线形拓扑结构、环形拓扑结构、星形拓扑结构、树形拓扑结构和混合形拓扑结构（图4-1），因此可以把局域网分为总线形局域网、环形局域网、星形局域网和树形局域网等类形。这种分类方法是最常用的分类方法。

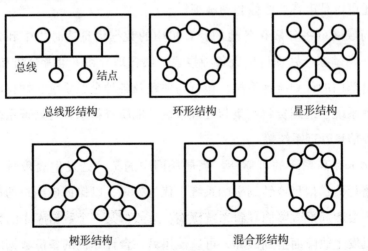

总线形结构　　　　　　　环形结构　　　　　　　星形结构

树形结构　　　　　　　混合形结构

图4-1　局域网拓扑结构

不管是局域网还是广域网，其拓扑结构的选择往往与传输媒体的选择及媒体访问控制方法的确定紧密相关。在选择网络拓扑结构时，应该考虑的主要因素有下列几点。

（1）网络既要易于安装，又要易于扩展。

（2）可靠性。尽可能地提高可靠性，以保证所有数据流能被准确接收；还要考虑系统的可维护性，以使故障检测和故障隔离较为方便。

（3）费用。建网时需考虑适合特定应用的信道费用和安装费用。

（4）灵活性。需要考虑系统在今后扩展或改动时，能容易地重新配置网络拓扑结构，能方便地处理原有站点的删除和新站点的加入。

（5）响应时间和吞吐量。要为用户提供尽可能短的响应时间和最大的吞吐量。

2. 按传输介质分类

局域网上常用的传输介质有同轴电缆、双绞线、光缆等，因此可以把局域网分为同轴电缆局域网、双绞线局域网和光纤局域网。

3. 按访问传输介质的方法分类

目前，在局域网中常用的传输介质访问方法有以太方法、令牌、FDDE 方法、异步传输模式法等，因此可以把局域网分为以太网、令牌网、FDDE 网、ATM 网等。

4. 按数据的传输速度分类

可分为 10 Mbps 局域网、100 Mbps 局域网、155 Mbps 局域网等。

5. 按信息的交换方式分类

可分为交换式局域网和共享式局域网等。

## 4.2　交换式局域网

### 4.2.1　交换式局域网概述

在传统的共享介质局域网中，所有结点共享一条公共传输介质，不可避免将发生冲突。随着局域网规模的扩大和结点数量的增加，每个结点平均能分到的带宽越来越少；因此，当网络通信负荷加重时，冲突与重发现象将会大量发生，网络效率将会急剧下降。为了克服网络规模与网络性能之间的矛盾，人们提出将共享介质方式改为交换方式，这就促成了交换式局域网的发展。

交换式局域网的核心设备是局域网交换机，局域网交换机可以在多个端口之间建立多个并发连接。为了保护已有用户的投资，交换机一般是针对某种局域网而设计的，如 IEEE 802.3 标准的以太网或 1EEE 802.5 标准的令牌环。

实际上，局域网交换机与网桥之间并没有严格的界限，可以认为交换机是在网桥基础上发展起来的，并且是功能更为强大的网桥。局域网交换机的逻辑结构如图 4-2 所示，由以下几个部分组成。

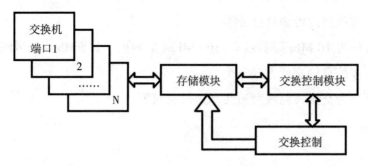

图 4-2　局域网交换机的逻辑结构

交换机端口模块：完成帧信号的接收与发送功能。

交换控制模块：实现各个端口之间数据帧交换的控制功能。

交换模块：根据交换控制模块做出转发的决定，建立交换机相关端口之间的临时帧传输路径。

存储模块：分别为各个端口设置独立的缓冲区。

交换式以太网是一种典型的交换式局域网，也是目前应用最广泛的局域网。交换式以太网的典型结构如图 4-3 所示。

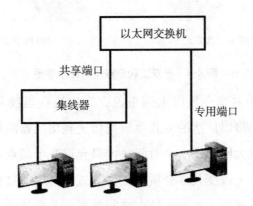

图 4-3　交换式以太网的典型结构

交换式以太网的核心设备是以太网交换机。每台以太网交换机都会有多个端口，每个端口可以单独与一个结点连接，也可以与一个以太网集线器连接。如果一个端口只连接一个结点，则该结点可以独占所有带宽，这类端口称为专用端口。如果一个端口连接一个以太网，这个端口将被以太网中的多个结点共享，这类端口称为共享端口。

在当今交换式以太网中，交换机的每个端口通常只连接一个工作站。交换机的端口和工作站都分别使用一对线路进行发送，而从另一对线路上接收。这样即使交换机和工作站同时发送数据也不会产生冲突，不需要在发送帧的同时用接收电缆侦听冲突信号。因此能够使用全双工方式进行通信。在网络结构和连线不变的情况下，以全双工方式进行工作可以使网络带宽提高 1 倍，如图 4-4 所示。

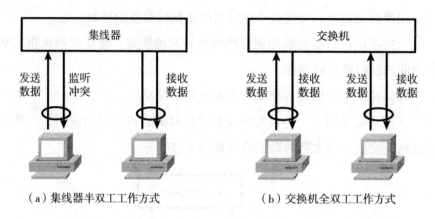

（a）集线器半双工工作方式　　　　（b）交换机全双工工作方式

图 4-4　半双工和全双工对比示意图

对于传统的共享介质以太网来说，当连接在集线器中的每一个结点发送数据时，将以广播的方式将数据传送到集线器的每一个端口，因此，共享介质以太网的每一个时间片内只允许一个结点占用总线。交换式局域网从根本上改变共享介质的工作方式，可以通过交换机支持结点之间的多个并发连接，实现多结点之间数据的并发传输，因此，交换式局域网可以增加网络带宽，改善局域网的性能和服务质量。

近年来，随着交换式局域网技术的飞速发展，交换式局域网逐渐取代了传统的共享介质局域网，成为当今局域网的主流。

### 4.2.2　局域网交换机

交换机是工作在 ISO 数据链路层的设备，主要功能是实现 MAC 地址学习、通信过滤（数据帧单点转发）、避免回路。

1. 工作原理

交换机的工作原理主要是基于 MAC 地址识别。每个交换机内部都有一张 MAC 地址表，该 MAC 地址表记录了网络中所有 MAC 地址和交换机端口的对应信息。交换机就是基于 MAC 地址表进行数据帧转发的。

当交换机某个端口连接的设备要发送数据时，交换机会根据该数据帧所包含的目的 MAC 地址，查找 MAC 地址表。交换机在 MAC 地址表中查出该 MAC 地址的设备是连接在哪个端口后，就将数据帧从该端口转发。也就是说，交换机在进行数据转发时，是单点转发，和源端口和目标端口有关，而与其他端口无关。

如图 4-5 所示为交换机进行数据帧单点转发的一个典型实例，该图描述了 PC1（MAC 地址为 M1）要发送数据给 PC3（MAC 地址为 M3），查找 MAC 地址表的过程。交换机检测到端口 2 的数据帧后，根据该数据帧的目标地址（M3）查找 MAC 地址表，获得 M3 所对应的端口（端口 6）后，直接将数据帧通过端口 6 发送给 PC3。

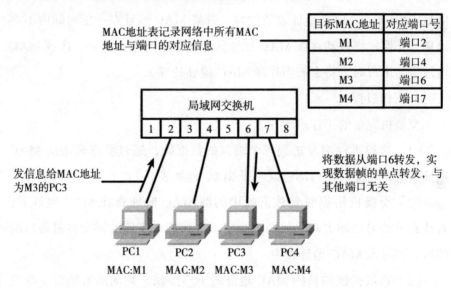

| 目标MAC地址 | 对应端口号 |
|---|---|
| M1 | 端口2 |
| M2 | 端口4 |
| M3 | 端口6 |
| M4 | 端口7 |

图 4-5 交换机基于 MAC 表进行数据帧单点转发

交换机的地址是动态学习与管理的。初始化的交换机无法知道网络中各设备的 MAC 地址与端口的关系，MAC 地址表为空白。但只要某个结点发送信息，交换机就能捕获到其 MAC 地址与其端口的对应关系。

2. 地址管理

交换机地址管理主要包括 MAC 地址学习和 MAC 地址维护两部分。

（1）MAC 地址学习。交换机可以通过识别数据帧的源 MAC 地址学习到 MAC 地址和源端口的对应关系，主要过程如下。

当第一次使用交换机时，交换机 MAC 地址表是空表，没有任何记录，此时交换机会将源 MAC 地址和源端口建立映射，并将其写入交换机的 MAC 地址表中。

将数据帧（含目标 MAC 地址）从所有其他端口转发出去。

当接收者接收到数据帧并返回信息时，交换机记住对应的 MAC 地址与端口的映射，并将其对应关系写入 MAC 地址表中，以便下次转发。

（2）MAC 地址维护。交换机能够自动根据接收到数据帧中的源 MAC 地址更新 MAC 地址表的内容。若某 MAC 地址在一定时间内不再出现，交换机将自动将该 MAC 地址从地址表中清除。当下一次该 MAC 地址重新出现时，将会被当作新 MAC 地址处理。

3. 工作过程

交换机完整的工作过程如下。

（1）交换机检测发送到每个端口的数据帧，通过数据帧中的 MAC 地址信息，在交换机内部建议一张 MAC 地址表。

（2）交换机根据收到数据帧中的源 MAC 地址查找 MAC 地址表，若找到该映射项则更新映射的生存期，否则建立该地址同交换机端口的映射，并写入 MAC 地址表中。

（3）若数据帧的目的 MAC 地址属于广播帧，则向所有端口（除发送该数据帧的端口外）转发该数据帧。

（4）若数据帧的目的 MAC 地址是单播帧，且该 MAC 地址不在MAC 地址表中，则向所有端口转发，一旦收到接收者返回信息，便记住该 MAC 地址与端口的映射，并将数据帧通过该端口转发出去。

（5）若数据帧的目的 MAC 地址是单播帧，且该 MAC 地址在 MAC地址表中，则根据 MAC 地址表中存在的对应映射进行数据转发。

4. 交换方式

以太网交换机的数据交换与转发方式可以分为直接交换、存储转发交换、改进的直接交换和混合交换 4 种。

（1）直接交换。在直接交换方式下，交换机边接收边检测。一旦检测到目的地址字段，便将数据帧传送到相应的端口上，而不管这一数据是否出错（出错检测任务由结点主机完成）。这种交换方式交换延迟时间短，但缺乏差错检测能力，不支持不同输入、输出速率的端口之间的数据转发。

（2）存储转发交换。在存储转发交换方式中，交换机首先要完整地接收站点发送的数据，并对数据进行差错检测。如果接收的数据是正确的，再根据目的地址确定输出端口号，将数据转发出去。这种交换方式具有差错检测能力并能支持不同输入、输出速率端口之间的数据转发，但交换延迟时间较长。

（3）改进的直接交换。改进的直接交换方式将直接交换与存储转发交换结合起来，在接收到数据的前 64 个字节之后，判断数据的头部字段是否正确，如果正确则转发出去。这种方式对于短数据来说，交换延迟与直接交换方式比较接近；而对于长数据来说，由于它只对数据前部的主要字段进行差错检测交换延迟将会减少。

（4）混合交换。混合交换方式综合各种交换方式的优点，设计了一种自适应的交换机。自适应交换机采取各种转发方式共存的原则，根据实际网络环境来决定转发方式。当网络畅通、快捷时，采用直接交换方式，以获得最短的转发等待时间；当网络存在阻塞时，采用存储转发交换方式，以减缓转发速度，缓解网络压力。

# 4.3　网络操作系统

网络操作系统是一种能代替操作系统的软件程序，是网络的心脏和灵魂，是向网络计算机提供服务的特殊的操作系统。借由网络达到互相传递数据与各种消息，分为服务器及客户端。而服务器的主要功能是管理服务器和网络上的各种资源和网络设备的共用，加以统合并控管流量，避免有瘫痪的可能性，而客户端就是有着能接受服务器所传递的数据来运用的功能，好让客户端可以清楚地搜索所需的资源。

NOS 与运行在工作站上的单用户操作系统（如 Windows 系列）或多用户操作系统（UNIX、Linux）由于提供的服务类型不同而有差别。一般情况下，NOS 是以使网络相关联特性达到最佳为目的的，如共享数据文件、软件应用，以及共享硬盘、打印机、调制解调器、扫描仪和传真机等一般计算机的操作系统，如 DOS 和 OS/2 等，其目的是让用户与系统及在此操作系统上运行的各种应用之间的交互作用最佳。为防止一次由一个以上的用户对文件进行访问，一般网络操作系统都具有文件加锁功能。如果系统没有这种功能，用户将不会正常工作。文件加锁功能可跟踪使用中的每个文件，并确保一次只能一个用户对其进行编辑。文件也可由用户的口令加锁，以维持专用文件的专用性。

NOS 还负责管理 LAN 用户和 LAN 打印机之间的连接。NOS 总是跟踪每一个可供使用的打印机，以及每个用户的打印请求，并对如何满足这些请求进行管理，使每个端用户感到进行操作的打印机犹如与其计算机直接相连。由于网络计算的出现和发展，现代操作系统主要特征之一就是具有上网功能，因此，除了在 20 世纪 90 年代初期，Novell 公司的 NetWare 等系统被称为网络操作系统之外，人们一般不再特指某个操作系统为网络操作系统。

集中式网络操作系统是由分时操作系统加上网络功能演变的。系统的基本单元是由一台主机和若干台与主机相连的终端构成，信息的处理和控制是集中的。UNIX 就是这类系统的典型。

（1）全球最大的软件开发商——Microsoft（微软）公司开发的 Windows 系统不仅在个人操作系统中占有绝对优势，它在网络操作系统中也是具有非常强劲的力量。这类操作系统配置在整个局域网配置中是最常见的，但由于它对服务器的硬件要求较高，且稳定性能不是很高，所以微软的网络操作系统一般只是用在中低档服务器中，高端服务器通常采用 UNIX、LINUX 或 Solaris 等非 Windows 操作系统。在局域网中，微软的网络操作系统主要有：Windows NT Server 4.0、Windows 2000 Server/Advance Server 等，工作站系统可以采用任一 Windows 或非 Windows 操作系统。

Windows 网络操作系统中最为成功的还是 Windows NT 4.0 这一套系统，它几乎成为中、小型企业局域网的标准操作系统，一则是它继承了 Windows 家族统一的界面，使用户学习、使用起来更加容易。再则它的功能也的确比较强大，基本上能满足所有中、小型企业的各项网络需求。虽然相比 Windows 2000/2003 Server 系统来说在功能上要逊色许多，但它对服务器的硬件配置要求要低许多，可以更大程度上满足许多中、小企业的 PC 服务器配置需求。

（2）UNIX 操作系统版本主要有：UNIX SVR 4.0、HP-UX11.0、SUN 的 Solaris 8.0 等。支持网络文件系统服务，提供数据等应用，功能强大，由 AT&T 和 SCO 公司推出。这种网络操作系统稳定和安全性能非常好，但由于它多数是以命令方式来进行操作的，不容易掌握，特别是初级用户。正因如此，小型局域网基本不使用 UNIX 作为网络操作系统，UNIX 一般用于大型的网站或大型的企、事业局域网中。UNIX 网络操作系统历史悠久，其良好的网络管理功能已为广大网络用户所接受，拥有丰富的应用软件的支持。目前 UNIX 网络操作系统的版本有：AT&T 和 SCO 的 UNIX SVR 3.2、SVR 4.0 和 SVR 4.2 等。UNIX 本是针对小型机和集群环境开发的操作系统，是一种集中式分时多用户体系结构。因其体系结构不够合理，UNIX 的市场占有率呈下降趋势。

（3）Linux 是一种新型的网络操作系统，它的最大的特点就是源代码开放，可以免费得到许多应用程序。目前也有中文版本的 Linux，如红帽（Redhat）、红旗 Linux 等。在国内得到了用户充分的肯定，主要体现在它的安全性和稳定性方面，它与 UNIX 有许多类似之处。但目前这类操作系统仍主要应用于中、高档服务器中。

总之，对特定计算环境的支持使得每一个操作系统都有适合于自己的工作场合，这就是系统对特定计算环境的支持。例如，Windows 2000 Professional 适用于桌面，Linux 目前较适用于小型的网络，而 Windows 2000 Server 和 UNIX 则适用于大型服务器应用程序。因此，对于不同的网络应用，需要有目的地选择合适的网络操作系统。

# 4.4 局域网组技术应用

## 4.4.1 局域组网概述

组建局域网的过程以及相关操作，主要包括组网所需工具的准备以及网线制作、网卡安装、局域网布线与连接、网络软件的安装和局域网调试与设置的方法。

1.工具的准备与网线制作

（1）工具的准备。一般在制作网线、连接设备时常用的工具有双绞线压线钳、同轴电缆压线钳、双绞线/同轴电缆测试仪和万用表等。下面简单介绍一下。

①双绞线压线钳。双绞线压线钳用于压接 RJ-45 接头（水晶头），此工具是制作双绞线网线的必备工具，没有它就无法制作 RJ-45 接头。通常压线钳根据压脚的多少分为 4P、6P、8P 几种型号，网络双绞线必须使用 8P 的压线钳。

②同轴电缆压线钳。同轴电缆压线钳用于压紧同轴电缆的 BNC 接头和网线，与双绞线压线钳无法通用。同轴电缆压线钳有两种，其中一种必须完全压紧后才能松开，使用它做出的网线比较标准，建议使用这一种。

③双绞线 / 同轴电缆测试仪。双绞线 / 同轴电缆测试仪可以通过使用不同的接口和不同的指示灯来检测双绞线和同轴电缆。测试仪有两个可以分开的主体，方便连接不在同一房间或者距离较远的网线的两端。

④万用表。由于连通的网线电阻几乎为零，因此可以通过使用万用表测量电阻来判断网线是否连通。

（2）网线的制作。组建局域网时常用的网线是双绞线和同轴电缆。

①双绞网线的制作。制作双绞网线就是给双绞线的两端压接上 RJ-45 连接头。通常，每条双绞线的长度不超过 100 m。

双绞线的连接顺序：在制作双绞网线时，首先要清楚双绞线中每根芯线的作用。如果将 5 类双绞线的 RJ-45 连接头对着自己，带金属片的一端朝上，那么从左到右各插脚的编号依次是 1 ~ 8，不管 100 Mbit/s 的网络还是 10 Mbit/s 的网络，8 根芯线都只使用了 4 根。

双绞线的连接方法：正常连接和交叉连接。

正常连接是将双绞线的两端分别依次按白橙、橙、白绿、蓝、白蓝、绿、白棕、棕色的顺序（这是国际 EIATIA568B 标准，也是当前公认的 10BASE-T 及 100BASE-TX 双绞线的制作标准）压入 RJ-45 连接头内。使用这种方法制作的网线用于计算机与集线器的连接。

在制作网线时可以不按上述颜色排列芯线，只要保持双绞线两端接头的芯线顺序一致即可。但不符合国际压线标准，与其他人合作时，容易出错。

交叉连接是将双绞线的一端按国际压线标准，即白橙、橙、白绿、蓝、白蓝、绿、白棕、棕的顺序压入 RJ-45 连接头内；另一端将芯线 1 和 3、2 和 6 对换，依次按白绿、绿、白橙、蓝、白蓝、橙、白棕、棕色的顺序压入 RJ-45 连接头内。使用这种方法制作的网线用于计算机与计算机的连接或集线器的级联。

②同轴网线的制作。制作同轴网线其实就是将两个 BNC 接头安装在同轴电缆的两端。

同轴电缆由外向内分别由保护胶皮、金属屏蔽线（接地屏蔽线）、乳白色透明绝缘层和芯线（信号线）组成。芯线由一根或几根铜线构成，金属屏蔽线是由金属线编织的金属网，内外层导线之间是由乳白色透明绝缘物填充的绝缘层。

BNC 接头由本体、屏蔽金属套筒和芯线插针组成。芯线插针用于连接同轴电缆芯线，本体用来与 T 型头连接。

2. 网卡的安装

安插网卡与安插其他接口卡（如显卡、声卡）一样。将主机箱打开，然后找一个空的 PCI 插槽，将网卡插入即可。

网卡安插完成后，在正常的情况下，重新开机进入 Windows 时便会自动出现"找到新硬件"的提示框；接着，系统会提示插入 Windows 光盘；插入 Windows 光盘后，系统自动完成网卡驱动程序的安装。

若网卡无法被系统识别，重新开机时没有找到。这时可以手动添加网卡驱动程序。

3. 局域网的布线与连接

现在组建局域网采用的网络拓扑结构最多的是星型，其次是总线型。星型局域网布线采用双绞网线；总线型局域网布线采用同轴网线。布线原则以及网线与设备的连接方法如下。

（1）布线原则。对于星型局域网，一般要求布线时不可形成循环。对于 10BASE 局域网，还有以下要求。

①使用 3 类非屏蔽双绞线；②每条双绞线的长度不超过 100 m；③网络中最多可级联 5 台集线器，且集线器间的线长也不超过 100 m；④网络的最大传输距离是 600 m。

对于 100BASE 局域网，则要求：①使用 5 类非屏蔽双绞线；②每条双绞线的长度不超过 100 m；③网络中只允许级联两台集线器，集线器间的连接距离不能超过 5 m；④网络的最大传输距离是 205 m。

对于总线型局域网（如 10BASE-2 对等网），要求：①网线一线到底，中间不可分叉，也不可形成循环；②两个终结器之间的网络区域叫网段（每个总线型局域网的两端都必须各安装一个终结器），每个网段最长不超过 175 m；③在一个网段内不可超过 30 台计算机，且相邻两台计算机之间的网络长度不小于 0.5 m；④采用 RG-58A/U 同轴电缆以及 50Ct 终结器作为连接设备；⑤若使用中继器连接多个网段，任意两台计算机之间的电缆总长度不超过 925 m，任意两台计算机之间的中继器不可超过 4 个。

（2）网线与设备的连接。网线与设备的连接就是根据网络的拓扑结构，用网线将计算机以及其他设备连接起来。

①总线型局域网的连接。总线型局域网就是使用制作好的同轴网线以串联形式通过 T 型头将所有的计算机连接在一起构成网络。方法如下。

首先，是 T 型头与网卡连接，即将 T 型头插到网卡 BNC 阳性插头上，插入后需旋转使卡扣卡好；然后是 T 型头与同轴网线连接，即将两根同轴网线 BNC 阴性插头分别插到 T 型头两端的 BNC 阳性接头，插入后也需旋转 90 度卡好（注意：每根同轴网线的两端分别接一台计算机）；最后，在端头的两台计算机的 T 型头的空余 BNC 阳性接头上插接 5011 终结器，其中一端要插接有接地环的终结器，并要使接地环良好接地。

另外，作为服务器的计算机要连接在整个网络的端头。

②星型局域网的连接。星型局域网是使用制作好的双绞网线将所有的计算机与集线器连接在一起构成的网络。方法如下：每台计算机都用一根双绞网线与集线器连接，即用双绞网线一端的 RJ-45 连接头插入计算机背面网卡的 RJ-45 插槽内；用另一端的 RJ-45 连接头插入集线器的空余 RJ-45 插槽内。在插的过程中，要听到"咔"的一声，表示 RJ-45 连接头已经插好了。在有些办公场所，每个房间都已通过墙壁、天花板和地板布好了网线，连接到了中心机房的配线柜中。网线连接时，只需将每个房间的计算机连接到自己墙壁的墙座上，集线器放置在中心机房并用网线与配线柜中的接线板连接上就可以了。

4.选择网络操作系统

在设计一个局域网时，可以选择的网络操作系统主要有 Windows 2000 Server、NetWare 和 UNIX。如果网络是运行一个专用于特殊环境的应用，它可以要求使用一种非通用的网络操作系统（如 Banyan VINES），主要的网络操作系统对局域网环境都给予了极大的关注。

选择网络操作系统时，应当在做出决定前仔细权衡该可选项的优缺点。然而，所做的决定在很大程度上是取决于操作系统和局域网中已经运行的应用程序。换句话说，该决定可能会限于现有的基础结构（这个基础结构不仅仅是包括其他的网络操作系统，也包括局域网拓扑结构、协议、传输方法和连接硬件）。

以下总结了在选购一种网络操作系统时应该考虑的问题。

（1）它是否能与现有的基础结构兼容？

（2）它是否能提供资源所要求的安全性能？

（3）技术人员能够有效地管理它吗？

（4）应用能够在其上平稳运行吗？

（5）它是否为未来的发展留有余地（也就是说，它是不是可扩展的）？

（6）它支持用户要求的附加服务 [ 例如，远程访问（Web Site host-ing）和信息发布 ] 吗？

（7）它的成本是多少？

（8）期望从卖主那里取得哪种支持？

对上述问题的重要性的关注程度是因不同的网络管理员而不同的。例如，对于是一家跨国制药公司来说，公司的发展和盈利要求网络能够保证它总是畅通的，同时 IT 预算经费也很大，与网络操作系统的成本相比，网络操作系统对未来网络扩展的容纳能力和卖主能够提供的技术支持就显得更为重要。相反，对于一家本地粮食中心，则可能会更关心网络操作系统的成本，而不用担心该系统是否能很容易地扩展到支持几百台服务器这个问题。

5. 选择网络服务器

大多数网络环境使用的服务器都可能远远超出了软件提供商建议的最小硬件配置要求。通过考虑以下问题后，可以决定服务器的最优硬件配置。

（1）服务器将连接多少个客户机？

（2）服务器上将会运行什么类型的应用程序？

（3）每个用户需要多大的存储空间？

（4）多长的死机时间是可以忍受的？

（5）这个机构能承担的成本是多少？

上述问题中最重要的就是在服务器上运行什么类型的应用程序。购买一台廉价的低端服务器来运行 Windows 2000 Server 也许就足够了，但它只能提供文件和打印共享服务。要想网络能执行更多的功能，就必须在服务器上加大投资，才能让它也可以运行应用程序。选用什么样的服务器取决于想在它上面运行什么样的应用程序。可以想象，每一种应用程序可能都会有不同的处理机、内存和存储需求（参阅各种应用程序的安装指导规范）。必须牢记一点：应用程序使用资源的特定方式可能会影响选择软硬件时的决定。应用程序也许会在客户和服务器间提供一个共享处理的选择项，也许不会。另外，也可以在每一台工作站上安装程序文件而只使用服务器来发布消息。后一种方案把处理的负担交给了客户机。

如果服务器负责处理大部分应用程序，或者要支持大量的服务和客户，就需要在网络操作系统要求的最小配置基础上增加更多的硬件。例如，增加多个处理器，增加更大的内存、几块网络接口卡、具有容错能力的硬盘、备份驱动器以及不间断电源。所有这些部件都能够增强网络的可靠性或性能。在决定购买硬件之前要仔细分析当前的情形和网络的扩展计划。不管需要什么样的服务器，都要求硬件提供商具有能够提供优质、可信赖并且非常优秀的技术支持的声誉。可以通过使用一般的模型而削减工作站硬件成本，但是在购买服务器时不应该太节省。这是因为服务器的一个部件出了故障都会影响到许多人，而工作站出了故障可能只会影响一个人。

### 4.4.2　局域网组网应用

1.对等多机组网

"对等网"也称"工作组网"，在对等网中没有"域"，只有"工作组"的概念远没有"域"那么广。在对等网络中，计算机的数量通常不会超过 20 台，所以对等网络相对比较简单。在对等网络中，对等网上的各台计算机有相同的功能，无主从之分，网上任意结点的计算机既可以作为网络服务器，为其他计算机提供资源；也可以作为工作站，以分享其他服务器的资源；任一台计算机均可同时兼作服务器和工作站，也可只用作其中之一。

因为用同轴电缆直接串联组建网络成本较高，所以对等网组建一般采用集线设备（集线器或交换机）组成星形网络。

（1）硬件设备的选择。

①集线器或交换机的选购。集线器是局域网中计算机和服务器连接的设备，是局域网物理星型连接点。每个工作站用双绞线连接到集线器上，由集线器对工作站进行集中管理。集线器有多个用户端口（8个、16个、24个），用双绞线连接每一个端口和工作站，价格便宜，但带宽共享，所有连接设备构成一个冲突域。

在经济条件允许的情况下也可考虑购买端口数较少的（4口、6口、8口）小交换机，实现致力于带宽的高速交换。

在选择时，要考虑到局域网的大小、扩充性，做到经济合算就可以了。

②网卡的选购。网卡速度常见的有 10 Mbit/s、100 Mbit/s、10/100 Mbit/s 自适应。对于速度要求较高的交换式局域网用户，应该选择 100 Mbit/s 的。如果是在一个 10 Mbit/s 和 100 Mbit/s 集线器混合使用的局域网中，则选择 10/100 Mbit/s 自适应网卡。

接口类型有 BNC 接口、RJ-45 接口（水晶头）、也有两种接口都有的双口网卡。接口的选择和网络布线形式有关，BNC 网卡通过同轴电缆直接与其他电脑相连（现已很少使用）；RJ-45 口网卡通过铜质双绞线连接集线器，再通过集线器连接其他计算机。

③网线和 FJ-45 接头。双绞线一般用于星型网的布线连接，两端安装有 RJ-45 头，连接网卡与集线器，最大网线长度为 100 m，如果要加

大网络的范围，在两段双绞线之间可安装中继器，最多可安装 4 个中继器，如安装 4 个中继器可以连 5 个网段，最大传输范围可达 500 m。

双绞线分为非屏蔽双绞线 UTP 和屏蔽双绞线 STP 两大类，局域网中的非屏蔽双绞线分为 3 类、4 类、5 类和超 5 类 4 种，屏蔽双绞线分为 3 类和 5 类两种。在 100 Mbit/s 网络中，用户设备的受干扰程度只有普通 5 类线的 1/4，因此局域网中常用到的双绞线一般都是非屏蔽的 5 类 4 对的电缆线。这些双绞线的传输速率都能达到 100 Mbit/s。

双绞线连接头在制作时要使用专用的夹线钳来夹制，所以要求水晶头的材料应具有较好的可塑性，在压制时不能发生碎裂现象。

（2）对等网组建。对等网组建主要包括以下步骤。

①确定对等网的拓扑结构。在组建局域网时，通常采用的拓扑结构是总线型、星型和树型。下面以星型拓扑结构为例进行介绍。

②硬件安装：将网卡分别插入需要联网的机器的插槽中，并安装相应的网卡驱动；双绞线一端插入需要联网的计算机的网卡 RJ-45 接口，一端插入集线器 / 交换机的连接口中；打开集线器或交换机电源。

③安装网卡的驱动程序。目前大多数的网卡都是即插即用的。开机时 Windows 会报告发现新的硬件设备，并弹出要求加载设备驱动程序的对话框。安装结束后可以看到在网络适配器中多了个网卡图标。

④添加网络协议。单击"开始"按钮，选择"控制面板"命令，在弹出的"控制面板"窗口中单击"网络连接"图标，弹出"网络连接"对话框，右击"本地连接"图标，选择"属性"命令，弹出"属性"对话框，会看到刚才安装好的网卡图标、网络服务和协议。单击"安装"按钮，弹出"选择网络组件类型"对话框，在"单击要安装的网络组件类型"选项区域中，可以选择安装"客户端"、"协议"和"服务"。"Microsoft 网络客户端""TCP/IP 协议"和"文件及打印机共享"是

必需的。在某些网络游戏中，"IPX/SPX 兼容协议"也是必需的。Net BEUI 是网络的底层协议，如果有打印机等也请共享设备添加进去。

TCP/IP 协议是连接 Internet 所必需的，添加和配置 TCP/IP 协议的方法如下。

①在"控制面板"窗口中双击"网络连接"图标，右击"网络连接"对话框中的"本地连接"图标，选择"属性"命令，弹出"属性"对话框。

②单击"安装"按钮，双击"协议"图标，双击 Microsoft 的"TCP/IP 协议"命令。

③在"网络组建"列表中，单击与网络适配器有关联的 TCP/IP，然后单击"属性"按钮，选中"自动获得 IP 地址"和"自动获得 DNS 服务器地址"即可。

④指定 IP 地址，在"IP 地址"处填入 192.168.0.x（x 为 1 ~ 254 之间的整数），"子网掩码"填入 255.255.255.0。同一局域网中各电脑的 IP 地址不能重复。

接下来是机器标识和网络登录方式的设置。同样地，在"控制面板"→"网络"对话框中打开"标识"选项卡，给计算机和所在的工作组取好名称，注意整个网络中的每台计算机都应使用相同的工作组名，否则查找起来会很不方便。

在"配置"选项卡中选择"主网络登录"方式为"Microsoft 网络用户"，单击"确定"按钮完成网络设置。系统提示重启计算机，单击"确定"按钮。

通过以上服务器和客户端的配置，整个网络的配置就完成了。

2. 工程应用案例分析

【案例描述】

某公司有两栋楼（A 楼和 B 楼），A 楼中有行政部 20 台计算机、销售部 50 台计算机、研发部 50 台计算机以及一台服务器，B 楼中有生产部 500 台计算机。公司领导交给小李的任务是：为公司设计合理的网络拓扑结构，能够在有限资金情况下保证网络的正常运行，同时给出选取通信介质的建议。

【案例分析及解决方案】

网络规划设计是网络工程的一个重要内容，对于网络的运行具有重要意义。对于局域网或企业网的设计，一般可采取层次化的网络拓扑设计，即将企业网设计为核心层、汇聚层、接入层三个层次。核心层为网络提供骨干组件或高速交换组件；汇聚层可完成数据包过滤、寻址、策略增强和其他数据处理；接入层实现终端用户接入网络，可建立独立的冲突域，建立工作组与汇聚层连接。为了保证网络的可靠性，可以对核心层进行冗余设计，如链路冗余或设备冗余。若考虑资金的有限，可在网络的扩展期实现冗余加强网络的可靠性。

综上分析，对此企业网的网络拓扑结构设计，可采用树形结构，其拓扑图如图 4-6 所示。

整个网络的设计采用树型结构连接各个网络设备和主机，形成企业网的三级结构。

在通信介质的选择方面，双绞线成本较低且安装简单，在资金有限的情况下作为首选传输介质。对于接入层，由于设备间距离不超过100 m，可以选择非屏蔽双绞线，如五类 UTP；若网络设备之间距离较远，可选择多模光纤作为传输介质，例如，A 楼与 B 楼之间的传输介质便可选择多模光纤，防火墙出口处可采用光纤专线接入互联网。

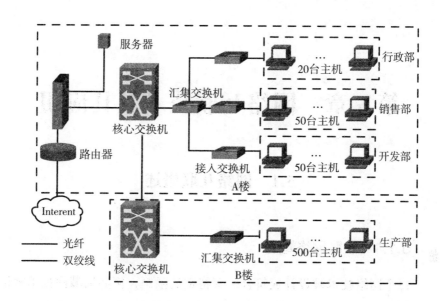

图 4-6　某公司网络拓扑规划

# 第5章　网络互联技术及其应用

## 5.1　网络互联概述

### 5.1.1　互联网络简述

每个网络技术被设计成符合一套特定的限制，例如局域网技术被设计成用于在短距离并提供高速通信，而广域网技术被设计用于在很大的范围内提供通信。需求的不同造成了设计网络的不同，同时，也不存在某种单一的网络技术对所有的需求都是最好的。当一个大组织需要将分散的主机互连起来的时候，会根据不同的任务选择最合适的网络类型，那么组织就会有多种不同类型的网络存在，这些物理网络就需要进行互连。

使用多个网络导致的问题很明显：连接于特定网络的计算机只能与连接于同一网络的其他计算机进行通信。在早期的计算机网络中，计算机连接在单个网络上，当任务发生改变的时候，人们不得不迁移到其他网络的计算机上。因此，大多数现代计算机通信系统允许任意两台计算机间进行通信，这种方式称为通用服务。实际上网络硬件和物理编址的不同导致异构的计算机网络之间没有一种通用的技术桥接起来。

尽管网络技术互不兼容，研究人员仍然设计出一种方案，能在异构网络间提供通用服务。这一称为网络互联的方案既用到了硬件，也用到了软件。附加的硬件系统把一组物理网络互连起来，然后在所有相连的计算机中运行的软件提供了通用服务。连接各种物理网络的最终系统被称为互联网络或互联网。网络互联相当普遍。特别是互联网没有大小的限制——既有包含几个网络的互联网，也有含有上千个网络的互联网。同样，互联网中连接到每个网络的计算机数也是可变的一有些网络没有计算机连接，而另一些网络则连接了上百台计算机。

同时，为了实现通用服务，在计算机和实现互联的硬件上都需要协议软件。互联网软件为连接的许多计算机提供了一个单一、无缝的通信系统。这一系统提供了通用服务：给每台计算机分配一个地址，任何计算机都能发送一个包到其他计算机。而且，互联网软件隐藏了物理网络连接的细节、物理地址及路由信息一用户和应用程序都没意识到物理网络和连接它们的路由器的存在。

因此，互联网络，即广域网、局域网及单机按照一定的通信协议组成的国际计算机网络。互联网是指将两台计算机或者是两台以上的计算机终端、客户端、服务端通过计算机信息技术的手段互相联系起来的结果，从技术角度上看，互联网定义如下。

（1）通过全球唯一的网络逻辑地址在网络媒介基础之上逻辑地连接在一起。这个地址是建立在互联网协议或今后其他协议基础之上的。

（2）可以通过传输控制协议／互联网协议（TCP/IP），或者今后其他接替的协议或与 IP 协议兼容的协议来进行通信。

（3）让公共用户或者私人用户享受现代计算机信息技术带来的高水平、全方位的服务。这种服务是建立在上述通信及相关的基础设施之上的。

这个定义至少揭示了三个方面的内容：首先，互联网是全球性的；其次，互联网上的每一台主机都需要有"地址"；最后，这些主机必须按照共同的规则（协议）连接在一起。逻辑上，互联网看成一个单一的、无缝的通信系统。互联网上的任意一对计算机可以进行通信，好像它们连接在单个网络上一样。

虽然很多协议都已经修改以适用于互联网，但是 TCP/IP 协议簇才是在互联网中使用最为广泛的协议。

### 5.1.2　服务模型

从终端结点的角度看，网络可以分为可靠的网络和最大努力服务（数据报）的网络。通常可靠的服务模型意味着网络保证发送每一个数据包，按顺序，且没有重复或者丢失。而数据报服务模型一般仅发送到达的数据报，运输层发送，网络层并不关心数据报是否到达。

同样，网络也可以分为面向连接的服务模型和无连接的服务模型。无连接的服务模型中，每一小段数据（数据包）是独立发送的，并且携带完整的源地址及目的地址。这与邮政系统类似，每一封信都带着完整的地址注入系统。面向连接（有时被称为虚电路）模型与电话网络类似，每一个呼叫都必须先建立连接，网络保持整个连接，通常所有的数据包都是沿着从源到宿的相同路径前进的，并且网络常常为每一个会话分配一个标识符使得不是所有的数据包都需携带源和目的地址。在这个模型中，终端系统首先通知网络它想与另一个终端系统会话，然后网络通知目的端系统有会话请求，由目标决定是接受或是拒绝。

面向连接的服务模型看起来很完美：①可以迅速建立路由；②能有效预留资源，保障可靠性；③传输层协议实现更为简单。但面向连接的服务模型也存在以下缺点：①只要路径中某一结点出错，网络就会自动中断，数据可能要全部重发，或者需要传输层协助才能判断重发；②网络层接口实现比较复杂；③很多应用并不需要保障数据报的顺序和丢失，比如多线程的下载使用面向连接的服务模型无法实现；④保留资源或许会浪费网络资源；⑤面向连接具有一定的独占性，损伤了其他用户的利益；⑥大多数应用并不需要服务器监视会话，同时监视会话也会影响服务器系统的资源分配。

通常，网络的可靠性可以用网络连接来保障。但是，并不是说无连接的网络没有可靠性，通常无连接的系统会使用一个优先级字段来完成服务保障的请求。从 TCP 对可靠性保障的讨论可知，在面向连接的系统中也会存在丢包的问题。

实际上，没有一个服务模型是完美的，通常情况下，网络设计方都是采用的混合策略。比如，IP 协议在传统上是面向无连接的服务，但诸如资源预留协议也提出了一些面向连接的建议，ATM（Asynchronous Transfer Mode，异步传输模式）就是面向连接的，但它并不保障带宽和数据包不丢失。不同服务模型的网络层协议如表 5-1 所示。

表 5-1　不同服务模型的网络层协议

| 连接方式 | 数据报（datagram） | 可靠性（reliable） |
| --- | --- | --- |
| 面向连接 | ATM | X.25 |
| 无连接 | IP、IPX、DECnet、AppleTalk | 不可能 |

为网络互联而开发的最重要的协议是 TCP/IP，它在传输层上使用 TCP 提供了可靠的面向连接的服务，在网络层上使用 IP 协议提供无连接的数据报服务。

### 5.1.3　全局地址

网络互联的目标是提供一个无缝的通信系统。为达到这个目标，互联网协议必须屏蔽物理网络的具体细节，并提供一个大虚拟网的功能。虚拟互联网操作像任何网络一样操作，允许计算机发送和接收信息包。互联网和物理网的主要区别是互联网仅仅是设计者想象出来的抽象物，完全由软件产生。设计者可在不考虑物理硬件细节的情况下自由选择地址、包格式和发送技术。

编址是互联网抽象的一个关键组成部分。为了以一个单一的统一系统出现，所有主机必须使用统一编址方案。不幸的是，物理网络地址并不满足这个要求，因为一个互联网可包括多种物理网络技术，每种技术定义了自己的地址格式，这样两种技术采用的地址因为长度不同或格式不同而不兼容。为保证主机统一编址，协议软件定义了一个与底层物理地址无关的编址方案。虽然互联网编址方案是由软件产生的抽象，协议地址仍作为虚拟互联网的目的地址使用，类似于硬件地址被作为物理网络上的目的地址使用。为了在互联网上发送包，发送方把目的地协议地址放在包中，将包传给协议软件发送。这个软件使用的是目的地协议地址将包转发至目标机。由于屏蔽了下层物理网络地址细节，统一编址有助于产生一个大的、无缝的网络的幻象。两个应用程序不需知道对方的硬件地址就能通信。

Internet 上的每台主机都有一个唯一的 IP 地址。IP 协议就是使用这个地址在主机之间传递信息，这是 Internet 能够运行的基础。IP 地址就像是家庭住址一样，如果你要写信给一个人，你就要知道他（她）的地址，这样邮递员才能把信送到。计算机发送信息就好比是邮递员送信，它必须知道唯一的"家庭地址"才不至于把"信"送错人家。只不过现实中的地址使用文字来表示的，计算机的地址用二进制数字表示。互联网地址（IP 地址）是一个分配给一台主机，并用于该主机所有通信的唯一的 32 位二进制数。

虽然 IP 地址是 32 位二进制数，但用户很少以二进制方式输入或读取其值。相反，当与用户交互时，软件使用一种更易于理解的表示法，称为点分十进制表示法。其做法是将 32 位二进制数中的每 8 位为一组，用十进制表示，利用句点分割各个部分，表示成（a.b.c.d）的形式，其中，a、b、c、d 都是 0～255 的十进制整数。例：点分十进 IP 地址（100.4.5.6），实际上是 32 位二进制数（01100100.00000100.00000101.0000110）。

　　最初设计互联网络时，为了便于寻址以及层次化构造网络，每个 IP
地址包括两个标识码（ID），即网络 ID 和主机 ID。同一个物理网络上
的所有主机都使用同一个网络 ID，网络上的一个主机（包括网络上工作
站、服务器和路由器等）有一个主机 ID 与其对应。

　　IP 分类方案并不把 32 位地址空间划分为相同大小的类，各类包含
网络的数目并不相同。Internet 委员会定义了 5 种 IP 地址类型以适配不
同容量的网络，即 A ～ E 类，如图 5-1 所示。

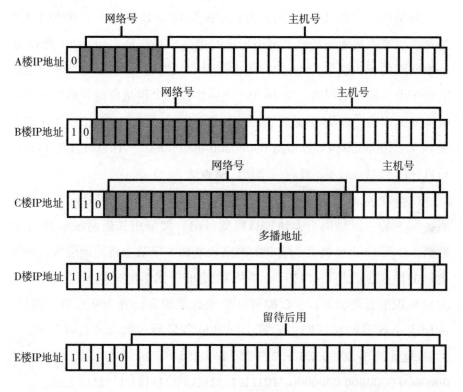

图 5-1　5 类 IP 地址

　　A 类 IP 地址是指，在 IP 地址的四段号码中，第一段号码为网络
号码，剩下的三段号码为本地计算机的号码。如果用二进制表示 IP
地址的话，A 类 IP 地址就由 1 字节的网络地址和 3 字节主机地址组

成，网络地址的最高位必须是"0"。A 类 IP 地址中网络的标识长度为 8 位，主机标识的长度为 24 位，A 类网络地址数量较少，有 126 个网络，每个网络可以容纳主机数达 1 600 多万台。A 类 IP 地址范围 1.0.0.0 ～ 126.255.255.255（二进制表示为：0000001 00000000 00000000 00000000111110 1111111 1111111 1111111）。最后一个是广播地址。

B 类 IP 地址是指，在 IP 地址的四段号码中，前两段号码为网络号码。如果用二进制表示 IP 地址的话，B 类 IP 地址就由 2 字节的网络地址和 2 字节主机地址组成，网络地址的最高位必须是"10"。B 类 IP 地址中网络的标识长度为 16 位，主机标识的长度为 16 位，B 类网络地址适用于中等规模的网络，有 16 382 个网络，每个网络所能容纳的计算机数为 6 万多台。B 类 IP 地址范围 128.0.0.0 ～ 191.255.255.255（二进制表示为：10000000 00000000 00000000 00000000 ～ 10111111 11111111 11111111 11111111）。最后一个是广播地址。

C 类 IP 地址是指，在 IP 地址的四段号码中，前三段号码为网络号码，剩下的一段号码为本地计算机的号码。如果用二进制表示 IP 地址的话，C 类 IP 地址就由 3 字节的网络地址和 1 字节主机地址组成，网络地址的最高位必须是"110"。C 类 IP 地址中网络的标识长度为 24 位，主机标识的长度为 8 位，C 类网络地址数量较多，有 209 万余个网络。适用于小规模的局域网络，每个网络最多只能包含 254 台计算机。C 类 IP 地址范围 192.0.0.0 ～ 223.255.255.255（二进制表示为：11000000 0000000 0000000 0000000 110111111111111 1111111 1111111）。

D 类 IP 地址在历史上被叫作多播地址（multicast address），即组播地址。在以太网中，多播地址命名了一组应该在这个网络应用中接收到一个分组的站点。多播地址的最高位必须是"1110"，范围为 224.0.0.0 ～ 239.255.255.255。

E 类 IP 地址以 11110 开头，被保留用于将来和实验使用。

其中 A、B、C 三类（如表 5-2）由 Internet NIC 在全球范围内统一分配的基本类，分配给主机的地址必须在这三类之中；D、E 类为特殊地址。

表 5-2　A、B、C 三类 IP 地址及其私有 IP

| 类别 | 最大网络数 | IP 地址范围 | 最大主机数 | 私有 IP 地址范围 |
|---|---|---|---|---|
| A | 126（27-2） | 0，0.0.0 ~ 127.255.255.255 | 16777214 | 10.0.0.0 ~ 10.255.255.255 |
| B | 16384（214） | 128.0.0.0 ~ 191.255.255.255 | 65534 | 172.16.0.0 ~ 172.31.255.255 |
| C | 2097152（221） | 192.0.0.0 ~ 223.255.255.255 | 254 | 192.168.0.0 ~ 192.168.255.255 |

在整个互联网中，网络前缀必须是唯一的。连到全球因特网的网络，组织从

提供因特网连接的总公司那儿得到网络号。这样的公司叫因特网服务供应商。ISP 与称为因特网编号授权委员会的因特网中心组织协调，以保证网络前缀在整个因特网范围内是唯一的。IP 地址现由因特网名字与号码指派公司 ICANN（Internet Corporation for Assigned Names and Numbers）组织分配。

对于一个私有的互联网，网络前缀可由本组织选择。为了保证每个前缀是唯一的，私有互联网筹备组必须决定如何协调网络号的分配。通常由单个网络管理员给本公司互联网的所有网络分配前缀以保证不重号。为帮助一个组织选择地址，RFC1597 推荐了可用于私有的互联网的 A、B 和 C 类地址，如表 4-2 所示。

在局域网中，有两个 IP 地址比较特殊，一个是网络号，网络号是用于三层寻址的地址，它代表了整个网络本身；另一个是广播地址，它

代表了网络全部的主机。网络号是网段中的第一个地址，广播地址是网段中的最后一个地址，这两个地址是不能配置在计算机主机上的。例如在 192.168.0.0 这样的网络中，网络号是 192.168.0.0，广播地址是 192.168.255.255。因此，在一个局域网中，配置在计算机中的地址比网段内的地址要少两个（网络号、广播地址），这些地址称为主机地址。在上面的例子中，主机地址就只有 192.168.0.1 ~ 192.168.255.254 可以配置在计算机上了。

除了这些，每个字节都为 0 的地址（0.0.0.0）用于对应于当前主机；以十进制 "127" 作为开头的 IP 地址用于回路测试，该类地址范围为 127.0.0.1 ~ 127.255.255.255，如：127.0.0.1 可以代表本机 IP 地址，用 "http : //127.0.0.1" 就可以测试本机中配置的 Web 服务器。同时，网络 ID 的第一个 8 位组也不能全置为 "0"，全 "0" 表示本地网络。

为了说明 IP 地址的分配，现假设某一组织需要建立一个包含四个物理网络的私有 TCP/IP 互联网，其中有一个小型网络，两个中型网络和一个特大型网络，网络管理员可能选择分配一个 C 类前缀（如 192.5.48），两个 B 类前缀（如 128.10 和 128.21）和一个 A 类前缀（如 10）。其可能的网络情况如图 5-2 所示。

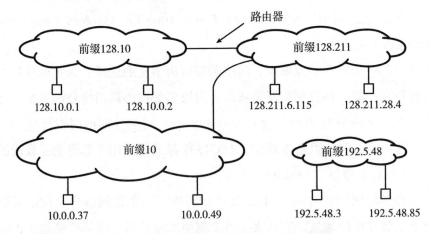

图 5-2　赋予主机 IP 地址的私有互联网的例子

### 5.1.4　IP 中的数据报转发

网络互联的目的是提供这样一种包通信系统：一台计算机上运行的程序能够向另一台计算机上运行的程序发送数据。在 TCP/IP 互联网中，底层物理网络对应用程序来说是透明的，即这些应用程序能够收发数据而又无须了解很多细节。

TCP/IP 的设计者既提供了无连接服务，也提供了面向连接的服务：他们选择了无连接的基本传送服务，并在这些无连接的底层服务之上增加了可靠的面向连接的服务。这一设计非常成功，以至于经常被其他的协议所模仿。无连接的互联网服务其实是包交换的一种扩展—这种服务允许发送方通过互联网传输单独的包。每一个包独立地在网上传送，它本身包含了用以标识接收方的信息。由于 IP 是为了操作各种类型的网络硬件而设计，而这些硬件可能工作得并不太好，因此 IP 数据报也会发生丢失、重复、延迟、乱序或损坏等问题，这些问题都需靠高层协议软件来解决，IP 定义的服务是"尽力而为"（best-effort）的。

1. 连接异构网络的硬件

如图 5-3 所示，用于连接异构网络的基本硬件是路由器（router）。路由器在物理上类似于桥接器——每个路由器是一台用于完成网络互联工作的专用计算机。像桥接器一样，路由器有常规的处理器和内存，并对所连接的每个网络都有一个单独的输入 / 输出接口。网络像对待其他相连计算机一样对待路由器连接。由于路由器连接并不限于某种网络技术，图 5-2 中使用一朵云而不是一条线或一个圆来描绘每个网络。一个路由器可以连接两个局域网、局域网和广域网或两个广域网，而且当路由器连接同一基本类型的两个网络时，这两个网络不必使用同样的技术。

从图 5-2 中还可以看出，由于路由器是连接多个不同网络，而每个

IP 地址包含了一个特定物理网络的前缀，因此，每个路由器分配了两个或更多的 IP 地址。并且，由于一个 IP 地址并不标识一台特定的计算机，而是标识一台计算机和一个网络之间的一个连接。一台连接多个网络的计算机（例如路由器）必须为每个连接分配一个 IP 地址，如图 5-3 所示是路由器分配地址的例子。

IP 并不要求给路由器的所有接口分配同样的主机号。例如，在图 5-3 中，连接到以太网和令牌环网的路由器有主机号 99.5（连接到以太网）和 2（连接到令牌环网）。然而，IP 也不反对为所有的连接使用同样的主机号。因此，例子中显示出管理员选用了同样的主机号 17 为连接令牌环网到广域网的路由器的两个接口。

除了这种特殊的计算机外，普通的计算机也可以连接多个网络，这种连接多个网络的主机称为多穴主机。多穴主机有时用来增加可靠性：如果一个网络发生故障，主机仍能通过第二个连接到达互联网。多穴主机也可用来增加性能：连接到多个网络使它能直接发送信息和避开有时会阻塞的路由器。像路由器一样，多穴主机有多个协议地址，每个网络连接有一个。

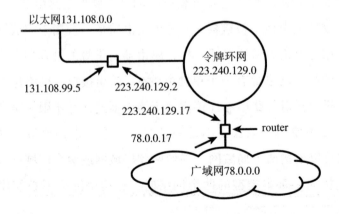

图 5-3　IP 地址分配给两个路由器的例子

2.IP 数据报的格式

传统的硬件帧格式不适合作为互联网上的包格式。这是因为路由器能够连接异构网络，而不同类型网络的帧格式不同，因此路由器不能直接将包从一个网络传送到另一个网络。另外，路由器也不能简单地重新格式化帧的头部，因为两个网络可能使用不兼容的地址格式。为了克服异构性，互联网协议软件定义了一种独立于底层硬件的互联网包格式。结果就产生了一种能无损地在底层硬件中传输的通用的、虚拟的包：协议软件负责产生和处理互联网包，而底层硬件并不认识这种包的格式，同时，互联网上的每一台主机或路由器都有认识这种包的协议软件。

TCP/IP 协议使用 IP 数据报这个名字来命名一个互联网包，每个数据报由一个头部和紧跟其后的数据区组成，数据报头部中源地址和目的地址都是 IP 地址。图 5-4 给出了 IP 数据报的格式。

数据报首部里的每个域都有固定的大小。数据报以 4 位的协议版本号（当前版本号 4）和 4 位的首部长度开始，首部长度指以 32 位字长为单位的首部长度。服务类型域包含的值指明发送方是否希望以一条低延迟的路径或是以一条高吞吐率的路径来传送该数据报，当一个路由器知道多条通往目的地的路径时，就可以靠这个域对路径加以选择。总长域为 16 位的整数，说明以字节计的数据报总长度，包括首部长度和数据长度。

标识域、标志域和偏移域用来对 IP 数据报进行分片重组。

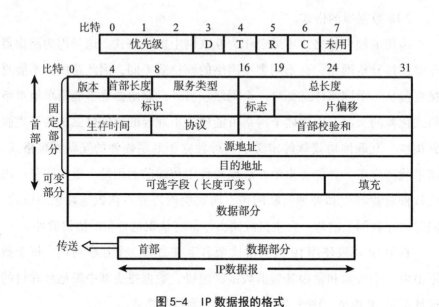

图 5-4　IP 数据报的格式

　　生存时间域用来阻止数据报在一条包含环路的路径上永远地传送。当软件发生故障或管理人员错误地配置路由器时，就会产生这样的路径。发送方负责初始化生存时间域，这是一个从 1 ～ 255 的整数。每个路由器处理数据报时，会将首部里的生存时间减 1，如果达到 0，数据报将被丢弃，同时发送出错消息给源主机。

　　首部校验和域确保首部在传送过程中不被改变。发送方除了对校验和域的首部数据每 16 位对 1 求补外，所有结果累加，并将和的补放入首部校验和域中。接收方进行同样计算，但包括了校验和域。如果校验和域正确，则结果应该为 0（数学上，1 的求补是逆加，因此将一个值加到它自身的补上将得到零）。

　　源 IP 地址域含有发送方的 IP 地址，目的地址域含有接收方的 IP 地址。

　　为了保证数据报不过大，IP 定义了一套可选项。当一个 IP 数据报没携带可选项时，首部长度域的值为 5，首部以目的地址域作为结束。

因为头部长度总是 32 位的倍数，如果可选项达不到 32 位的整数倍，则对不足部分进行全 0 的填充以保证头部长度为 32 位的倍数。

3.IP 数据报的转发

一个数据报沿着从源地址到目的地的一条路径穿过互联网，中间会经过很多路由器。路径上的每个路由器收到这个数据报时，先从头部取出目的地址，根据这个地址决定数据报应发往的下一站。然后路由器将此数据报转发给下一站，该下一站可能就是最终目的地，也可能是另一个路由器。为了使对下一站的选择高效而且便于理解，每个 IP 路由器在一张路由表中保存有很多路由信息。当一个路由器启动时，需对路由表进行初始化，而当网络的拓扑发生变化或某些硬件发生故障时，必须更新路由表。路由表中每一项都指定了一个目的地和为到达这个目的地所要经过的下一站。在图 5-5（a）中，三个路由器将四个网络连接成为一个互联网，图 5-5（b）是一个路由器中的路由表。如图 5-5 所示，路由器 R2 直接连接网络 2 和网络 3，因此，R2 能将数据报直接发往连在这两个网络上的任何目的地。当一个数据报的目的地在网络 4 中时，R2 就需将数据报发往路由器 R3。

路由表中列出的每个目的地是一个网络，而不是一个单独的主机。这个差别非常重要，因为一个互联网中的主机数可能是网络数的 1 000 倍以上。因而，使用网络作为目的地可以使路由表的尺寸变得较小。

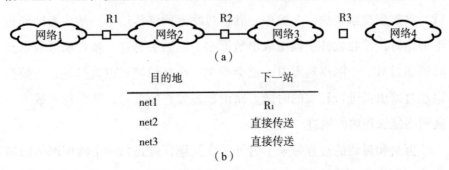

（a）

| 目的地 | 下一站 |
| --- | --- |
| net1 | $R_1$ |
| net2 | 直接传送 |
| net3 | 直接传送 |

（b）

图 5-5　三个路由器将四个网络连接成一个互联网的例子

因为一个互联网中的主机数可能是网络数的 1 000 倍以上。因而，使用网络作为目的地可以使路由表的尺寸变得较小。

数据报中的目的 IP 地址域包含了最终目的地址。当路由器收到一个数据报，会取出目的地址 D，用它来计算数据报将发往的下一路由器的地址 N。尽管这个数据报被直接发往地址 N，但头部中仍保持着目的地址 D。也就是说：一个数据报头部中的目的地址总是指向最终目的地。当一个路由器将这个数据报转发给另一个路由器时，下一站的地址并不在数据报头部里出现。对于全局地址，使用数据报的目的 IP 地址求出网络号并找到下一站的方法很简单，就是直接用网络号两两对比。

4.IP 数据报的封装、分段和重组

当主机或路由器处理一个数据报时，IP 软件首先选择数据报发往的下一站 N，然后通过物理网络将数据报传送给 N。但是，网络硬件并不了解数据报格式或因特网寻址。相反，每种硬件技术定义了自己的帧格式和物理寻址方案，硬件只接收和传送那些符合特定帧格式以及使用特定的物理寻址方案的包。另外，由于一个互联网可能包含异构网络技术，穿过当前网络的帧格式与前一个网络的帧格式可能是不同的。

在物理网络不了解数据报格式的情况下，数据报是通过：封装技术将 IP 数据报封装进一个帧，这时数据报被放进帧的数据区。网络硬件像对待普通帧一样对待包含一个数据报的帧。发送方在选好下一站之后，将数据报封装到一个帧中，并通过物理网络传给下一站。当帧到达下一站时，接收软件从帧中取出数据报，然后丢弃这一帧。如果数据报必须通过另一个网络转发时，就会产生一个新的帧。也就是说，当数据报经过路由器进行转发的时候，路由器需要将帧拆封，并且封装成下一跳网络能够理解的帧进行发送。

拆封和封装的过程带来了另外一个问题，就是每一个物理网络的帧格式、大小都会有不同的限制，当某个数据报到达一个路由器的时候，其连接的下一跳网络可能由于其帧携带的最大数据量不能满足封装整个 IP 数据报的要求，这一限制称为最大传输单元。

IP 数据报使用一种叫分段的技术来解决这一问题。当一个数据报的尺寸大于将发往的网络的 MTU 值时，路由器会将数据报分成若干较小的部分——段，然后再将每段独立进行发送。每一小段与其他的数据报有同样的格式，仅首部的标志域中有一位标识了一个数据报是一个段还是一个完整的数据报。段的首部的其他域中包含有其他一些信息，以便用来重组这些段，重新生成原始数据报。另外，首部的段偏移域指出该段在原始数据报中的位置。

在对一个数据报分段时，路由器使用相应网络的 MTU 和数据报首部尺寸来计算每段所能携带的最大数据量以及所需段的个数，然后生成这些段。路由器首先为每一段生成一个原数据报首部的副本，将其作为段的首部，其次单独修改其中的一些域，例如路由器会设置标志域中的相应位以指示这些数据包含的是一个段。最后，路由器从原数据报中复制相应的数据到每个段中，并开始传送。图 5-6 表明了这一过程。

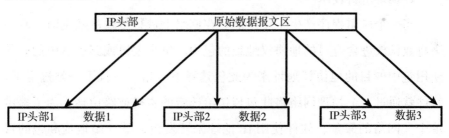

图 5-6　IP 数据报的分段

在所有段的基础上重新产生原数据报的过程叫重组。由于每个段都以原数据报头部的一个副本作为开始，因此都有与原数据报同样的目的地址。另外，含有最后一块数据的段在头部设置有一个特别的位，因此，执行重组的接收方能报告是否所有的段都成功地到达。IP 协议规定只有最终目的主机才会对段进行重组。在最终目的地重组段有两大好处。首先，减少了路由器中状态信息的数量。当转发一个数据报时，路由器不需要知道它是不是一个段。其次，允许路径动态地变化。如果一个中间路由器要重组段，则所有的段都须到达这个路由器才行，而且通过将重组推后到目的地，IP 就可以自由地将数据报的不同段沿不同的路径传输。

前面说过 IP 并不保证送达，因而单独的段可能会丢失或不按次序到达。另外，如果一个源主机将多个数据报发给同一个目的地，这些数据报的多个段就可能以任意的次序到达。为了重组这些乱序的段，发送方将一个唯一的标识放进每个输出数据报的标识域中。当一个路由器对一个数据报分段时，就会将这一标识数复制到每一段中，接收方就可利用收到的段的标识数和 IP 源地址来确定该段属于哪个数据报。另外，段偏移域可以告诉接收方各段的次序。

## 5.1.5　地址转换

### 1.地址解析技术

当一个应用程序产生了一些需要在网络上进行传输的数据时，软件会将数据放进含有目的地协议地址的包中。每个主机或路由器中的软件使用包中的目的地协议地址来为此包选择下一站。一旦下一站选定了，软件就通过一个物理网络将此包传送给选定的主机或路由器。为了提供单个大网络的假象，软件使用 IP 地址来转发包，下一站地址和包的目的地址都是 IP 地址。但是，通过物理网络的硬件传送帧时，不能使用 IP 地址，因为硬件并不懂 IP 地址。相反，帧在特定物理网络中传输时必须使用该硬件的帧格式，帧中所有地址都用硬件地址。因此，在传送帧之前，必须将下一站的 IP 地址翻译成等价的硬件地址。

将计算机的协议地址翻译成等价的硬件地址的过程叫地址解析，即协议地址被解析为正确的硬件地址。地址解析限于一个网络内，即一台计算机能够解析另一台计算机地址的条件是这两台计算机都连在同一物理网络中，远程网络上的计算机的地址无法被本地计算机解析。

将协议地址翻译成硬件地址时，软件使用的算法依赖于使用的协议和硬件编址方案。首先，底层硬件地址的不同需要不同的解析方法，比如将 IP 解析为以太网地址和解析为 ATM 地址就不相同。另外，由于路由器或多穴主机能同时连到多种类型的物理网络上，这样的一台计算机可能使用多种地址解析。因此，连到多个网络上的一台计算机可能需要多个地址解析模块。地址解析算法主要有三大类。

（1）查表。地址映射信息存储在内存当中的一张表里，当软件要解析一个地址时，可在其中找到所需结果。

查表方法需要一张包含地址联编信息的表，表中的每一项是一个二元组（P，H），P 是协议地址，H 是指等价的物理地址。图 5-7 给出了互联网协议的一个地址映射例表：图中的每一项对应于网络中的一个站。其包含两个域，一个是站的 IP 地址；另一个是站的硬件地址。

| IP 地址 | 硬件地址 |
| --- | --- |
| 197.15.3.2 | 0A:07:4B:12:82:36 |
| 197.15.3.3 | 0A:9C:28:71:32:8D |
| 197.15.3.4 | 0A:11:C3:68:01:99 |
| 197.15.3.5 | 0A:74:59:32:CC:1F |
| 197.15.3.6 | 0A:04:BC:00:03:28 |
| 197.15.3.7 | 0A:77:81:0E:52:FA |

图 5-7　地址映射的例子

每个物理网络使用一个单独的地址映射表，因此表中的所有 IP 地址都有同样的前缀。

查表法的主要优点就是通用：一张表能存储特定网络的任意一组计算机的地址映射，特别是一个协议地址能映射到任意一个硬件地址。另外，查表法容易理解，也很容易编程。

（2）相近形式计算。仔细地为每一台计算机挑选协议地址，使得每台计算机的硬件地址可通过简单的布尔和算术运算得出它的协议地址。

尽管很多网络使用静态的物理地址，仍有一些技术使用动态的物理地址，即网络接口可以被分配一个特定的硬件地址。对于这些网络，使用相近形式地址解析就成为可能。使用相近形式方法的解析器计算一个将 IP 地址映射到物理地址的数学函数。如果 IP 地址和相应硬件地址之间的关系较简单，则计算只需使用很少的几次算术操作。

例如，假设一个动态编址的网络已被分配了一个 C 类网络地址 220.123.5.0，当计算机加入该网络时，每台计算机分配了一个 IP 地址后缀和一个相应的硬件地址。如，第一台主机的 IP 地址被指定为 220.123.5.1，硬件地址被指定为 1；第二台主机的 IP 地址被指定为 220.123.5.2，硬件地址被指定为 2。后缀不必是连续的，如果该网上一个路由器的 IP 地址定为 220.123.5.101，其硬件地址就定为 101。给出该网上任何一台计算机的 IP 地址，其硬件地址能通过如下的简单的布尔与运算得到：

$$硬件地址 = IP 地址 \& 0 \times ff$$

从上面的例子可以看出，为何动态编址的网络常常采用相近形式解析。使用这种方法，程序的计算量很小，无须维护任何表，计算的效率也很高。

（3）消息交换。计算机通过网络交换消息来解析一个地址。一台计算机发出某个地址解析的请求消息后，另一台计算机返回一个包含所需信息的应答消息。

前面提到的地址解析机制能被单个计算机独立计算而得，计算所需的指令和数据保存在计算机的操作系统中。相对于这种集中式计算的是一种分布式方法，即当某台计算机需要解析一个 IP 地址时，会通过网络发送一个请求消息，之后会收到一个应答。发送出去的消息包含了对指定协议地址进行解析的请求，应答消息包含了对应的硬件地址。

　　动态的消息交换地址解析可以有两种方案。①网络中包含一个或多个服务器，这些服务器的任务就是回答地址解析的请求。当需要进行地址解析时，一个请求消息会送到其中一个服务器，此服务器就负责发一个应答消息。在某些协议中，由于每台计算机有多个服务器可供选择，就依次给它们中的每一个发消息，直到发现一个活动服务器并收到其应答。在其他一些协议中，计算机简单地把请求广播给所有的服务器。②不需要专门的地址解析服务器，相反，网上的每台计算机都要参与地址的解析，负责应答对本机地址的解析请求。当一台计算机需要解析一个地址时，它向全网广播它的请求。所有机器都收到这一请求，并检测请求解析的地址。如果请求的地址与自己的地址相同，则负责应答。

　　第一种方案的主要优点在于集中。由于几个服务器负责处理网络的所有地址解析任务，使得地址解析在配置、控制和管理上比较容易。第二种方案的主要优点在于分布式计算。地址解析服务器相对较贵，除了附加硬件（如额外增加的内存）的费用，服务器本身的维护费用也很大。因为一旦有新机器加入网络或某些硬件地址发生变化时，服务器中的地址映射信息就需要更新。另外，在大而繁忙的网络中，地址解析服务器会成为瓶颈。如果要求每台计算机负责它自己的地址，就完全不需要服务器。

　　2.ARP 协议

　　TCP/IP 可以使用三类地址解析方法中的任何一种。为一个网络所选的方法依赖于该网络底层硬件所使用的编址方案。查表法通常用于广域网，相近形式计算常用于动态编址的网络，而消息交换常用于静态编址的局域网硬件。

　　为使所有计算机对用于地址解析的消息在精确格式和含义上达成一

致，TCP/IP 协议簇含有一个地址解析协议（Address Resolution Proto-col，ARP）。这是根据 IP 地址获取物理地址的一个 TCP/IP 协议。其功能是：主机将 ARP 请求广播到网络上的所有主机，并接收返回消息，确定目标 IP 地址的物理地址，同时将 IP 地址和硬件地址存入本机 ARP 缓存中，下次请求时直接查询 ARP 缓存。地址解析协议是建立在网络中各个主机互相信任的基础上的，网络上的主机可以自主发送 ARP 应答消息，其他主机收到应答报文时不会检测该报文的真实性就会将其记录在本地的 ARP 缓存中。

ARP 标准定义了两类基本的消息：一类是请求，另一类是应答。一个请求消息包含一个 IP 地址和对相应硬件地址的请求；一个应答消息既包含发来的 IP 地址，也包含相应的硬件地址。

ARP 标准精确规定了 ARP 消息怎样在网上传递。协议规定：一个 ARP 请求消息应被放入一个硬件帧，广播给网上的所有计算机。每台计算机收到这个请求后都会检测其中的 IP 地址。与该 IP 地址匹配的计算机发送一个应答，而其他的计算机则会丢弃收到的请求，不发任何应答。当一台计算机发送一个 ARP 应答时，这个应答消息并不在全网广播，而是被放进一个帧中直接发回给请求者。

图 5-8 展示了一个 ARP 工作的过程：假设主机 A 的 IP 地址为 192.168.1.1，MAC 地址为 0A-11-22 33-44-01；主机 B 的 IP 地址为 192. 168. 1. 2，MAC 地址为 0A-11-22-33-44-02；当主机 A 要与主机 B 通信时，地址解析协议可以将主机 B 的 IP 地址（192. 168. 1.2）解析成主机 B 的硬件（Media Access Control，MAC）地址。

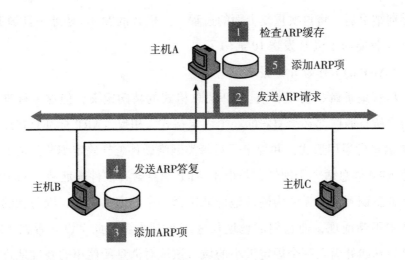

图 5-8　ARP 工作过程

第 1 步，根据主机 A 上的路由表内容，IP 确定用于访问主机 B 的转发 IP 地址是 192.168.1.2。然后 A 主机在自己的本地 ARP 缓存中检查主机 B 的匹配 MAC 地址。

第 2 步，如果主机 A 在 ARP 缓存中没有找到映射，它将询问 192.168.1.2 的硬件地址，从而将 ARP 请求帧广播到本地网络上的所有主机。源主机 A 的 IP 地址和 MAC 地址都包括在 ARP 请求中。本地网络上的每台主机都接收到 ARP 请求并且检查是否与自己的 IP 地址匹配。如果主机发现请求的 IP 地址与自己的 IP 地址不匹配，它将丢弃 ARP 请求。

第 3 步，主机 B 确定 ARP 请求中的 IP 地址与自己的 IP 地址匹配，则将主机 A 的 IP 地址和 MAC 地址映射添加到本地 ARP 缓存中。

第 4 步，主机 B 将包含其 MAC 地址的 ARP 回复消息直接发送回主机 A。

第 5 步，当主机 A 收到从主机 B 发来的 ARP 回复消息时，会用主机 B 的 IP 和 MAC 地址映射更新 ARP 缓存。本机缓存是有生存期的，生存期结束后，将再次重复上面的过程。主机 B 的 MAC 地址一旦确定，主机 A 就能向主机 B 发送 IP 通信了。

3.ARP 的工作媒介：报文

尽管地址解析协议含有 ARP 消息格式的精确定义，但这一标准并没给出所有通信都必须遵守的一个固定格式。相反，ARP 标准只描述了 ARP 消息的通用形式，并规定了对每类网络硬件怎样确定细节。之所以要使 ARP 消息适合于硬件，是由于 ARP 消息含有硬件地址域，ARP 的设计者意识到他们无法为硬件地址域选择一个固定的尺寸，因为新的网络技术不断涌现，使它们的地址尺寸越来越大。因此，设计者在 ARP 消息的开始处引入一个固定大小的域，该域对消息所使用的硬件地址尺寸做了规定。因而 ARP 不限于 IP 地址或特定的物理地址：从理论上说，该协议也可以用于一个任意的高层地址和一个任意的硬件地址的映射。实际上，ARP 的通用性并没有充分使用，大部分 ARP 用于 IP 地址和以太网地址的映射。如图 5-9 是 IP 地址和以太网硬件地址（MAC）的一个例子，其中：硬件类型（2 字节）指明了发送方想知道的硬件接口类型，以太网的值为 1；协议类型（2 字节）指明了发送方提供的高层协议类型，IP 为 16 进制的 0800；硬件地址长度和协议长度（各 1 字节）指明了硬件地址和高层协议地址的长度，这样 ARP 报文就可以在任意硬件和任意协议的网络中使用；操作类型（2 字节）用来表示这个报文的类型，ARP 请求为 1，ARP 响应为 2，RARP 请求为 3，RARP 响应为 4；发送方硬件地址（6 字节）为源主机硬件地址；发送方 IP 地址（4 字节）为源主机硬件地址；目标硬件地址（6 字节）为目的主机硬件地址；目标 IP 地址（4 字节）为目的主机的 IP 地址。

| 硬件类型 | | 协议类型 | |
|---|---|---|---|
| 硬件地址长度 | 协议长度 | 操作类型 | |
| 发送方的硬件地址（0～3 字节） | | | |
| 源物理地址（4～5 字节） | | 源 IP 地址（0～1 字节） | |
| 源 IP 地址（2～3 字节） | | 目标硬件地址（0～1 字节） | |
| 目标硬件地址（2～5 字节） | | | |
| 目标 IP 地址（0–3 字节） | | | |

图 5-9　用于映射 IP 和 MAC 的 ARP 消息格式

实际上，APR 消息是通过硬件地址封装后在物理网络上发送的，网络硬件不了解 ARP 消息格式且不检测其中每个域中的内容。为了让计算机识别输入帧中含有 ARP 消息，会在帧头中的类型域（type field）指明该帧含有 ARP 消息。例如，以太网标准规定，当一个以太网帧携带一个 ARP 消息时，类型域必须包含十六进制值 0X806。由于以太网只为 ARP 指定了一个类型值，包含 ARP 请求消息的以太网帧与包含 ARP 应答消息的以太网帧的类型值是相同的，因而帧类型并不区分 ARP 消息本身的多种类型，接收方必须检测 ARP 消息中的操作域以确定其是一个请求还是一个应答。

4.ARP 的缓存机制和更新

尽管消息交互可以用于地址映射，但是为每一个地址映射发送一个消息的做法非常低效。为使广播量最小，ARP 维护 IP 地址到 MAC 地址映射的缓存以便将来使用。ARP 缓存是个用来储存 IP 地址和 MAC 地址的缓冲区，其本质就是一个 IP 地址 →MAC 地址的对应表，表中每个条目分别记录了网络上其他主机的 IP 地址和对应的 MAC 地址。每个以太网或令牌环网络适配器都有自己单独的表。当地址解析协议被询问一个已知 IP 地址结点的 MAC 地址时，先在 ARP 缓存中查看，若存在，就直接返回与之对应的 MAC 地址，若不存在，才发送 ARP 请求通过局域网查询。

ARP 缓存可以包含动态和静态项目。动态项目随时间推移自动添加和删除。每个动态 ARP 缓存项的潜在生命周期是 10 分钟。新加到缓存中的项目带有时间戳，如果某个项目添加后 2 分钟内没有再使用，则此项目过期并从 ARP 缓存中删除；如果某个项目已在使用，则又收到 2 分钟的生命周期；如果某个项目始终在使用，则会另外收到 2 分钟的生命周期，一直到 10 分钟的最长生命周期。静态项目一直保留在缓存中，直到重新启动计算机为止。

当一个 ARP 消息达到时，协议规定接收方必须执行两个基本步骤。第一步，接收方从消息中取出发送方地址映射，检测高速缓存中是否存在发送方地址映射。若已有，则用从消息中取出的映射替代高速缓存中的映射。这种做法在发送方硬件地址发生变化时特别有用。第二步，接收方检测消息中的操作域以确认是一个请求消息还是一个应答消息。若是一个请求消息，接收方比较目标协议地址域与自己的协议地址，如果一样，则要回发一个应答消息。为了构造应答消息，计算机利用接收到的消息，将其中的发送方映射和目标映射对换，在发送方硬件地址域中插入自己的硬件地址，并把操作域的值改为 2。

ARP 还引入另一种优化策略：一台计算机在回答了一个 ARP 请求之后，将请求消息中的发送方的地址映射加入自己的高速缓存中，以便往后加以利用。实际上，假如主机 A 通过 ARP 报文请求主机 B 的 IP 地址，这时主机 A 的 ARP 请求包含了自己的 IP→MAC 映射，主机 B 直接记录下来，当下次主机 B 再向主机 A 通信时就不再需要向主机 A 发送 ARP 请求主机 A 的 IP 地址了。实际上，如果网络刚刚启动的时候，收到广播的所有主机都会将主机 A 的映射缓存下来；但是在网络运行一段时间以后，该请求将被除了主机 B 以外的主机直接丢弃，原因如下。

（1）每一个主机的缓存是有限的，同时处理不必要的 ARP 请求会带来 CPU 时间的浪费。

（2）其他的主机并不一定需要跟主机 A 进行通信。

## 5.2　路由器技术

### 5.2.1　路由器简介

1. 路由器的基本概念

由于当前社会信息化的不断推进，人们对数据通信的需求日益增加。自 TCP/IP 体系结构于 20 世纪 70 年代中期推出以来，现已发展成为网络层通信协议的事实标准，基于 TCP/IP 的互联网络也成了最大、最重要的网络。路由器作为 TCP/IP 网络的核心设备已经得到空前广泛的应用，其技术已成为当前信息产业的关键技术，其设备本身在数据通信中起到越来越重要的作用。同时由于路由器设备功能强大，且技术复杂，各厂家对路由器的实现有太多的选择性。

要了解路由器，首先要知道什么是路由选择，路由选择指网络中的结点根据通信网络的情况（可用的数据链路、各条链路中的信息流量等），按照一定的策略（传输时间、传输路径最短），选择一条可用的传输路径，把信息发往目的地。路由器就是具有路由选择功能的设备。它工作于网络层，负责不同网络之间的数据包的存储和分组转发，是用于连接多个逻辑上分开的网络（所谓逻辑网络是代表一个单独的网络或者一个子网）的网络设备。

2. 路由器的功能

路由器作为互联网上的重要设备，有着许多功能，主要包括以下几个方面。

（1）接口功能。用作将路由器连接到网络。可以分为局域网接口及广域网接口两种。局域网接口主要包括以太网、FDDI 等网络接口。广域网主要包括 E1/T1、E3/T3、DS3、通用串行口等网络接口。

（2）通信协议功能。该功能负责处理通信协议，可以包括 TCP/IP、PPP、X.25、帧中继等协议。

（3）数据包转发功能。该功能主要负责按照路由表内容在不同路由器各端口（包括逻辑端口）间转发数据包并且改写链路层数据包头信息。

（4）路由信息维护功能。该功能负责运行路由协议并维护路由表。路由协议可包括 RIP、OSPF、BGP 等协议。

（5）管理控制功能。路由器管理控制功能包括五个功能：SNMP（简单网络管理协议）代理功能、Telnet 服务器功能、本地管理、远端监控和 RMON（远程监视）功能。通过五种不同的途径对路由器进行控制管理，并且允许记录日志。

（6）安全功能。该功能用于完成数据包过滤、地址转换、访问控制、数据加密、防火墙以及地址分配等。

3.路由器的分类

当前路由器分类方法有许多种，各种分类方法存在着一些联系，但是并不完全一致。具体如下。

（1）从结构上分，路由器可分为模块化结构与非模块化结构，通常中高端路由器为模块化结构，可以根据需要添加各种功能模块，低端路由器为非模块化结构。

（2）从网络位置划分，路由器可分为核心路由器与接入路由器。核心路由器位于网络中心，通常使用高端路由器，要求具有快速的包交换能力与高速的网络接口，通常是模块化结构；接入路由器位于网络边缘，通常使用中低端路由器，要求相对低速的端口以及较强的接入控制能力，通常是非模块化结构。

（3）从功能上划分，路由器可分为"骨干级路由器""企业级路由器"和"接入路由器"。"骨干级路由器"是实现企业级网络互连的关键设备，它数据吞吐量较大，非常重要。"企业级路由器"连接许多终端系统，连接对象较多，但系统相对简单，且数据流量较小，对这类路由器的要求是以尽量便宜的方法实现尽可能多的端点互连，同时还要求能够支持不同的服务质量。"接入级路由器"主要应用于连接家庭或 ISP 内的小型企业客户群体。

4.路由器的结构

目前市场上路由器的种类很多。尽管不同类型的路由器在处理能力和所支持的接口数上有所不同，但它们核心的部件却是一样的。例如，都有 CPU、ROM、RAM、I/O 等硬件，只是在类型、大小，以及 I/O 端口的数目上根据产品的不同各有相应的变化。其硬件和计算机类似，实际上就是一种特殊用途的计算机。接口除了提供固定的以太网口和广域网口以外，还有配置口、备份口（AUX 口）及其他接口。

路由器的软件是系统平台，华为公司的软件系统是通用路由平台（Versatile Routing Platform，VRP），其体系结构实现了数据链路层、网络层和应用层多种协议，由实时操作系统内核、IP 引擎、路由处理和配置功能模块等基本组件构成。

## 5.2.2　路由的基本原理

在现实生活中，大家都寄过信。邮局负责接收所有本地信件，然后根据目的地将它们送往不同的目的城市。再由目的城市的邮局将它送到收信人的邮箱。

而在互联网络中，路由器的功能就类似于邮局。它负责接收本地网络的所有 IP 数据包，然后再根据它们的目的 IP 地址，将它们转发到目的网络。当到达目的网络后，再由目的网络传输给目的主机，如图 5-10 所示。

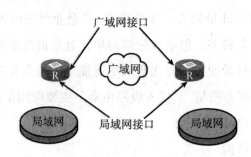

图 5-10　路由器功能图

1. 路由表

前面讲过什么是路由选择，而路由器利用路由选择进行 IP 数据包转发时，一般采用表驱动的路由选择算法。

与交换机类似，路由器当中也有一张非常重要的表——路由表。路由表用来存放目的地址以及如何到达目的地址的信息。这里要特别注意一个问题，互联网包含成千上万台计算机，如果每张路由表都存放到达所有目的主机的信息，不但，需要巨大的内存资源，而且需要很长的路由表查询时间，这显然是不可能的。所以路由表中存放的不是目的主机的 IP 地址，而是目的网络的网络地址。当 IP 数据包到达目的网络后，再由目的网络传输给目的主机。

一个通用的 IP 路由表通常包含许多（M，N，R）三元组，M 表示子网掩码，N 表示目的网络地址（注意是网络地址，不是网络上普通主机的 IP 地址），R 表示到网络 N 路径上的"下一个路由器"路由器的 IP 地址。

图 5-11 显示了用三个路由器连四个子网的简单实例，表 5-3 给出了其中一个路由器 R2 的路由表，表 5-4 给出了其中一个路由器 R3 的路由表。

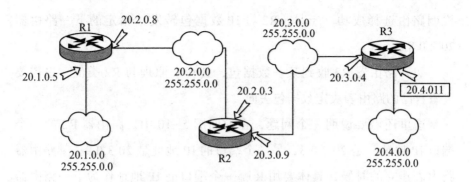

图 5-11　三个路由器连四个子网

表 5-3　路由器 R2 路由表

| 子网掩码 M | 要到达的网络 N | 下一路由器 R |
|---|---|---|
| 255.255.0.0 | 20.2.0.0 | 直接投递 |
| 255.255.0.0 | 20.3.0.0 | 直接投递 |
| 255.255.0.0 | 20.1.0.0 | 20.2.0.8 |
| 255.255.0.0 | 20.4.0.0 | 20.3.0.4 |

表 5-4　路由器 R3 路由表

| 子网掩码（M） | 要到达的网络（N） | 下一路由器（R） |
|---|---|---|
| 255.255.0.0 | 20.3.0.0 | 直接投递 |
| 255.255.0.0 | 20.4.0.0 | 直接投递 |
| 255.255.0.0 | 20.2.0.0 | 20.3.0.9 |
| 255.255.0.0 | 20.1.0.0 | 20.3.0.9 |

　　在表 5-3 中，如果路由器 R2 收到一个目的地址为 20.1.0.28 的 IP 数据包，它在进行路由选择时，首先将 IP 地址与自己路由表的第一个表项的子网掩码进行"与"操作，由于得到的结果 20.1.0.0 与本表项的网络地址 20.2.0.0 不同，说明路由选择不成功，需要与下一表项在进行运算操作，直到进行到第三个表项，得到相同的网络地址 20.1.0.0，

说明路由选择成功。于是，R2 将 IP 数据包转发给指定的下一路由器 20.2.0.8。

如果路由器 R3 收到某一数据包，其转发原理与 R2 类似，也需要查看自己的路由表决定数据包去向。

这里还需要说明一个问题，在前面图 5-10 中，路由器 R2 的一个端口 IP 地址，是 20.2.0.3，另一个端口的 IP 地址是 20.3.0.9，某路由器路由表建立的时候，具体要用 R 哪一个端口的 IP 地址作为下一路由器的 IP 地址呢？

这主要取决于需要转发的数据包的流向，如果是 R3 经过 R2 向 R1 转发某一数据包，IP 地址为 20.3.0.9 的这一端口为路由器 R2 的数据流入端口，IP 地址为 20.2.0.3 这一端口为路由器 R 的数据流出端口，这时，用流入端口的 IP 地址作为下一路由器的 IP 地址。也可以这么说，逻辑上与 R3 更近的 R2 的某一端口的 IP 地址，就是 R3 的下一路由器的 IP 地址。

2. 路由表中的两种特殊路由

为了缩小路由表的长度，减少查询路由表的时间，将网络地址作为路由表中下一路由器的地址，但也有两种特殊情况。

（1）默认路由。默认路由指在路由选择中，在没明确指出某一数据包的转发路径时，为进行数据转发的路由设备设置一个默认路径。也就是说，如果有数据包需要其转发，则直接转发到默认路径的下一跳地址。这样做的好处是可以更好地隐藏互联网细节，进一步缩小路由表的长度。在路由选择算法中，默认路由的子网掩码是 0.0.0.0，目的网络是 0.0.0.0，下一路由器地址就是要进行数据转发的第一个路由器的 IP 地址，默认路由如图 5-12 所示。

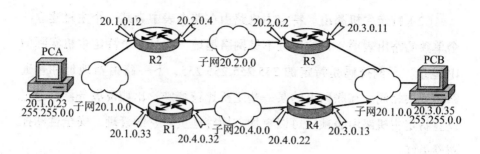

图 5-12　默认路由

对于图 5-12，如果给定主机 A 和主机 B 的路由表，如表 5-5 和表 5-6 所示，如果主机 A 想要发送数据包到主机 B 时，它有两条路径可以选择，从路由器 R1，R4 的路径转发或者从路由器 R2，R3 的路径转发，具体从哪里转发数据呢？这就须要看一看主机 A 的路由表了（这里需要补充说明一下，在网络中，任何设备如果需要进行路由选择，它就需要拥有一张存储在自己内存中的路由表），主机 A 的路由表有两个表项，如果数据要发送到本子网的其他主机中，则遵循第一行的表项，直接投递到本子网某一主机。 如果主机 A 想要发送数据到主机 B，通过主机 A 路由表第二行表项来看，主机 A 的默认路由是路由器 R2，所以数据就会；通过 R2 转发给主机 B，而不会通过 R1 转发。这就是默认路由的用处。同理主机 B 向主机 A 发送数据，会通过 R4 转发。

表 5-5　主机 A 路由表

| 子网掩码 | 目的网络 | 下一站地址 |
| --- | --- | --- |
| 255.255.0.0 | 20.1.0.0 | 直接投递 |
| 0.0.0.0 | 0.0.0.0 | 20.1.0.12 |

表 5-6　主机 B 路由表

| 子网掩码 | 目的网络 | 下一站地址 |
| --- | --- | --- |
| 255.255.0.0 | 20.3.0.0 | 直接投递 |
| 0.0.0.0 | 0.0.0.0 | 20.3.0.13 |

（2）特定主机路由。特定主机路由在路由表中为某一个主机建立一个单独的路由表项，目的地址不是网络地址，而是那个特定主机实际的 IP 地址，子网掩码是特定的 255.255.255.255，下一路由器地址和普通路由表项相同。互联网上的某一些主机比较特殊，比如说服务器，通过设立特定主机路由表项，可以更加方便管理员对它的管理，安全性和控制性更好。

### 5.2.3 路由协议

对于动态路由来说，路由协议的选择，将会直接影响网络性能。不同类型的网络要选择不同的路由协议，路由协议分为内部网关协议和外部网关协议。应用最广泛的内部网关路由协议包括路由信息协议和开放式最短路径优先协议；外部网关协议是边缘网关协议 BGP。本部分只讨论内部网关协议。

1.路由信息协议

路由信息协议是早期互联网最为流行的路由选择协议，使用向量——距离路由选择算法，即路由器根据距离选择路由，所以也称为距离向量协议。路由器收集所有可到达目的地的不同路径，并且保存有关到达每个目的地的最少站点数的路径信息，除到达目的地的最佳路径外，任何其他信息均予以丢弃。同时路由器也把所收集的路由信息用 RIP 协议通知相邻的其他路由器。这样，正确的路由信息逐渐扩散到了全网。

RIP 路由器每隔 30 秒触发一次路由表刷新。刷新计时器用于记录时间量。一旦时间到，RIP 结点就会产生一系列包含自身全部路由表的报文。这些报文广播到每一个相邻结点。因此，每一个 RIP 路由器大约每隔 30 秒钟应收到从每个相邻 RIP 结点发来的更新。

RIP 路由器每隔 30 秒触发一次路由表刷新。刷新计时器用于记录时间量。一旦时间到，RIP 结点就会产生一系列包含自身全部路由表的报文。这些报文广播到每一个相邻结点。因此，每一个 RIP 路由器大约每隔 30 秒钟应收到从每个相邻 RIP 结点发来的更新。

RIP 路由器要求在每个广播周期内，都能收到邻近路由器的路由信息，如果不能收到，路由器将会放弃这条路由：如果在 90 秒内没有收到，路由器将用其他邻近的具有相同跳跃次数的路由取代这条路由；如果在 180 秒内没有收到，该临近的路由器被认为不可达。

在初始阶段，R1 的路由表里只有与之直接相连的网络的路由信息，如表 5-7～表 5-10 所示，但经过一次 R2 对 R1 路由表的 RIP 刷新，情况就不一样了，R2 路由表有一个关于网络 30.0.0.0 的表项是 R1 初始时不知道的，经过一次 RIP 刷新，R1 增加了一条到网络 30.0.0.0 的表项，路径要从 R2 转发，距离增加 1。

表 5-7　R1 初始路由表

| 目的网络 | 路径 | 距离 |
| --- | --- | --- |
| 10.0.0.0 | 直接投递 | 0 |
| 20.0.0.0 | 直接投递 | 0 |

表 5-8　R2 初始路由表

| 目的网络 | 路径 | 距离 |
| --- | --- | --- |
| 30.0.0.0 | 直接投递 | 0 |
| 20.0.0.0 | 直接投递 | 0 |

表 5-9　R1 刷新后的路由表

| 目的网络 | 路径 | 距离 |
| --- | --- | --- |
| 10.0.0.0 | 直接投递 | 0 |
| 20.0.0.0 | 直接投递 | 0 |
| 30.0.0.0 | R2 | 1 |

表 5-10  R2 刷新后的路由表

| 目的网络 | 路径 | 距离 |
|---|---|---|
| 30.0.0.0 | 直接投递 | 0 |
| 20.0.0.0 | 直接投递 | 0 |
| 10.0.0.0 | R1 | 1 |

2. 开放式最短路径优先协议

在众多的路由技术中，开放式最短路径优先协议。协议已成为目前 Internet 广域网和 Intranet 企业网采用最多、应用最广泛的路由技术之一。OSPF 是基于链路－状态（Link-Status）算法的路由选择协议，它克服了 RIP 的许多缺陷，是一个重要的路由协议。

（1）链路－状态算法。要了解开放式最短路径优先协议 OSPF，必须先理解它采用的链路—状态算法（也叫作最短路径优先 SPF 算法），其基本思想是将每一个路由器作为根来计算其到每一个目的地路由器的距离，每个路由器根据一个统一的数据库计算出路由区域的拓扑结构图，该结构图类似于一棵树，在 SPF 算法中，被称为最短路径树，图 5-13 是一个由四个路由器和四个子网组成的一个网络（Metric 度量值已标明）。R1、R2、R3、R4 会相互之间广播报文，通知其他路由器自己与相邻路由器之间的连接关系。利用这些关系，每个路由器都可以生成一张拓扑结构图（图 5-14），根据这张图 R1 可以根据最短路径优先算法计算出自己的最短路径树（图 5-15 是 R1 的最短路径树。注意这个树里不包含 R2、R3，这是因为 R1 要到达四个网络中的任何一个，不需要经过 R2、R3。还有一点需要注意的是,R1 到达 net4 是通过 net2 到达的，而没有通过 net1 到达，这是由于通过 net2 的路径的度量值比通过 net1 路径的要小）。如表 5-11 所示是 R1 根据最短路径树生成的路由表。

链路—状态算法具体可分为以下三个过程。

①在路由器刚开启初始化或者网络的结构发生变化时，路由器会生成链路状态广播数据包 LSA（Link- State Advertisement 链路状态数据库中每个条目），该数据包里包含于此路由器相连的所有端口的状态信息，网络结构的变化，比如说有路由器的增减，链路状态的变化等。

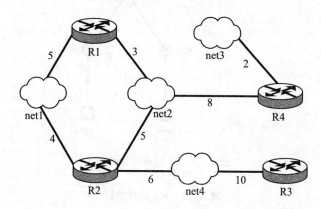

图 5-13　四个路由器和四个网络组成的网络

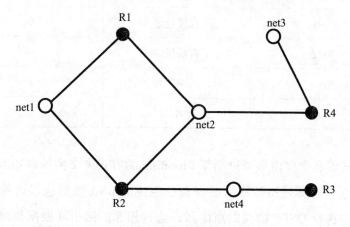

图 5-14　拓扑结构图

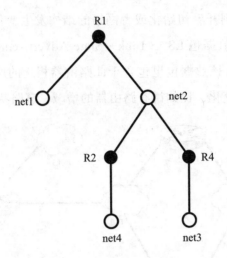

图 5-15   R1 的最短路径树

表 5-11   R1 的路由表

| 目的网络 | 下一路由 | 条数 |
| --- | --- | --- |
| Netl | 直接投递 | 0 |
| Net2 | 直接投递 | 0 |
| Net4 | R2 | 1 |
| Net3 | R4 | 1 |

　　②接着各个路由器通过刷新 Flooding 的方式来交换各自知道的路由状态信息。刷新是指某路由器将自己生成的 LSA 数据包发送给所有与之相邻的执行 OSPF 协议的路由器，这些相邻的路由器根据收到的刷新信息更新自己的数据库，并将该链路状态信息转发给与之相邻的其他路由器，直至达到一个相对平静的过程。

　　③当整个区域的网络相对平静下来，或者说 OSPF 路由协议收敛起来，区域里所有的路由器会根据自己的链路状态数据库计算出自己的路

由表。收敛指当一个网络中的所有路由器都运行着相同的、精确的、足以反映当前网络拓扑结构的路由信息。

（2）OSPF 的分区概念。OSPF 是一种分层次的路由协议，其层次中最大的实体是自治系统 AS（即遵循共同路由策略管理下的一部分网络实体）。在一个 AS 中，网络被划分为若干不同的区域，每个区域都有自己特定的标识号。对于主干区域（Backbone Area，一般是 area0），负责在区域之间分发链路状态信息。

这种分层次的网络结构是根据 OSPF 的实际需要出来的。当网络中自治系统非常大时，网络拓扑数据库的信息内容就非常多，所以如果不分层次的话，一方面容易造成数据库溢出，另一方面当网络中某一链路状态发生变化时，会引起整个网络中每个结点都重新计算一遍自己的路由表，既浪费资源与时间，又会影响路由协议的性能（如聚合速度、稳定性、灵活性等）。因此，需要把自治系统划分为多个区域，每个域内部维持本区域一张唯一的拓扑结构图，且各区域根据自己的拓扑图各自计算路由，区域边界路由器把各个区域的内部路由总结后在区域间扩散。

这样，当网络中的某条链路状态发生变化时，此链路所在的区域中的每个路由器重新计算本区域路由表。而其他区域中路由器只需修改其路由表中的相应条目而无须重新计算整个路由表，节省了计算路由表的时间。

（3）OSPF 路由表的计算。路由表的计算是 OSPF 的重要内容，通过下面四步计算，就可以得到一个完整的 OSPF 路由表（步骤三、四涉及更深层次内容本书不做讨论）。

①保存当前路由表，如果当前存在的路由表为无效的，必须从头开始重新建立路由表。

②区域内路由的计算，通过链路状态算法建立最短路径树，从而计算区域内路由。

③区域间路由的计算，通过检查主链路状态通告 Summary-LSA 来计算区域间路由，若该路由器连到多个区域，则只检查主干区域的 Summary-LSA。

④查看 Summary-LSA：在连到一个或多个传输域的域边界路由器中，通过检查该域内的 Summary-LSA，来检查是否有比第②、③步更好的路径。

OPSF 作为一种重要的内部网关协议的普遍应用，极大地增强了网络的可扩展性和稳定性，同时也反映出了动态路由协议的强大功能，适合在大规模的网络中使用。但是其在计算过程中，比较耗费路由器的 CPU 资源，而且有一定带宽要求。

# 5.3  第三层交换技术

在进行实际的产品设计时，各厂商采用不同的方法将第三层交换技术运用到具体的第三层交换设备中，下面简要介绍部分厂商所使用的相应技术。

## 5.3.1  IP 交换

IP 交换是 Ipsilon 公司开发的在 ATM 网络上传输 IP 分组的技术。IP 交换的核心是 IP 交换机，IP 交换机由 ATM 交换模块和 IP 交换控制器组成，通过一个 ATM 接口相连，用于控制信号和 IP 数据流的传送。

ATM 交换模块和 IP 交换控制器之间使用的控制协议是 RFC。1987 年，使用通用交换管理协议 GSMP（General Switch Management Protocol）控制 ATM 交换机的 VC 建立和拆除。IP 交换机之间使用的协议是 RPC 1953，即 Ipsilon 流量管理协议 1FMP（IP Flow Management Protocol）。该协议用于在两个 IP 交换机之间传输数据。

IP 交换机将进入的网络数据流分为两种类型：一种为持续期长、业务量大的数据流，如 www、FTP、下载、音频和视频流等，称为长流；另一种为持续期短、业务量小的数据流，如 DNS 查询、SMTP 数据、SNMP 查询等，称为短流。分类的依据是源和目的 IP 地址、源和目的 TCP/UDP 服务端口号等。IP 交换控制器检查每一个数据分组携带的源、目的 IP 地址就可以知道当前的数据分组属于哪种网络数据流。对于长流使用 ATM 高速交换，对于短流则直接采用传统路由器的逐站（ Hop-by-Hop ）方式转发。

IP 交换的显著优点是提高了效率，尤其那些持续期长、业务量大的用户数据能够获得较高的效率。

### 5.3.2　标记交换

标记交换是 Cisco 公司开发的第三层交换技术。标记交换技术既可以在 ATM 网上运用，也可以在纯路由器网上运用。标记交换网络三个基本组成部分。

（1）标记边缘路由器。标记边缘路由器位于网络的边缘，执行增值的网络层服务，并将标记加到包上。

（2）标记交换机。标记交换机以标记为基础，对有标记的包或信元进行交换。除了标记交换以外，也可支持完整的第三层路由和第二层交换功能。

（3）标记分布协议。标记分布协议（TDP）与标准的第三层路由选择协议（如 OSPF）结合，在标记交换网络的各设备间分发标记信息。

所谓标记是一个很短的长度固定的标号，使用标记进行路由查找比起使用子网前缀来速度要快得多。在构造标记交换网络的同时，在输入端的标记边缘路由器中建立一个地址前缀与标记的映射表，每一个目的地址前缀对应一个标记。在网络核心的标记交换机中同样保存着一个标记交换表，同时还指出输出端口。标记映射表和交换表存放在标记边缘路由器和标记交换机的标记信息库中。

标记交换能够扩展现有网络的规模，同时仍支持多媒体应用中所需的 QoS 和多点广播功能。它要求边缘路由器和核心交换机都支持相同的路由选择协议及 TDP，好处是简化了网络管理和故障排除处理，但也带来了不能兼容其他厂商设备的限制。

### 5.3.3　灵活的智能路由引擎 FIRE

FIRE 是 3COM 公司的一个创新的集成化的网间互联体系结构。它采用 ASIC 硬件芯片以线速实现了第三层路由和转发，并能实现网络灵活的控制能力，如网络安全、流量的优先化处理、带宽保留和服务质量（QoS）保证等。

FIRE 是整个交换机的核心，不仅具有成本低、可靠性高、耗电少、设计简单、可编程等特点，而且功能上具有良好的可扩展性。多个 ASIC 芯片共同完成的并发性和分布式流水线功能使处理和转发数据包的速度倍增；自动流量分类可以按照用户指定数据流来实现分类，从而达到数据流传输的优化效果；先进的队列管理机制大大降低了当数据流量拥挤时的延迟，并能针对不同类型的数据流决定其排队的优先顺序，从而能更好地为多媒体和实时数据流服务；智能化的共享存储系统实现了各个模块之间数据流的高速转发，并按照接收到数据包的大小自动调节模块上的缓存；许可权控制使网络管理员在网络上实现多种策略和智能化控制，网络的访问总是由许可权控制来管理，这种控制提高了网络安全和带宽保留功能；动态流量监督实际上是一个保护机制，它监督网络流量和网络拥塞情况，并对这些情况做出动态响应，以保证用户设备和网络设备处于控制之下，获得最佳运行；多个 RISC 处理机和向量处理技术的融合使得帧处理机和应用处理机分别实现了帧的高速处理和转发，增强了管理功能，实现了具有高度适应性的功能控制以及高效地实现了各种标准协议的操作。

FIRE 支持 10/100M Ethernet、Gigabit Ethernet、FDDI 以及 ATM 多种网络接口。所有的网络接口模块共同以一个可扩展的共享存储器系统加以连接，并获得 RISC 应用处理机和 RISC 帧协同处理机两个部件的支持，组成可扩展的第三层交换机结构。

### 5.3.4　IP Navigator 技术

IP Navigator 的设计思想是改进网络边缘的交换 / 路由技术，核心交换 / 路由基本保持不变。IP Navigator 可以在基于 ATM 和帧中继的广域网上运行。

为了节约网络资源，IP Navigator 使用了 VNN（Virtual Network Navigator）和 MPT（Multipoint to Point Tunneling）技术。VNN 技术可以提供可靠的内部网络通信机制，自动建立交换网中的虚拟连接，并提供令人满意的链路来满足每条独立虚拟通道的服务质量控制的要求。MPT 技术在广域网的边缘完成虚拟通道的聚合，从而使网络的拓扑复杂度从 $O(N \times N)$ 下降到 $O(N)$。如果把 MPT 看作树状结构的话，数据是从叶结点流向根结点，也就是说在广域网中对应于一个边缘 IP Navigator 交换机只需要保持一个 虚拟通道即可。

MPT 虚拟电路的建立和维护由 VNN 来负责。当交换机初始化时，MPT 被自动生成。由于大大减少了虚拟电路的数目，从而非常易于管理。

不管广域网的规模有多大，数据分组在 IP Navigator 网中只有两次路由选择。第一次路由选择发生在边缘入端交换机，通过目的子网前缀查询路由表来决定选择哪个出端交换机。在路由之前，数据分组沿着初始化时已经建立的 MPT 交换路径传送给边缘出端交换机。到达边缘出端交换机之后，要进行第二次路由选择，以决定把数据分组送往哪个端口。这个处理过程在逻辑上看只有一个中继结点。

IP Navigator 能够大幅度地提高网络吞吐率，这是由于避免了在广域网核心进行路由选择，而路由选择在边缘 IP Navigator 交换机上非常迅速。另外，IP Navigator 简化了路由表的建立过程，并且允许在同一个物理网络上建立多个虚拟专用网。

# 5.4　虚拟局域网技术

## 5.4.1　虚拟局域网的定义

虚拟局域网（VLAN）是一种可以将局域网内的交换设备逻辑地划分成一个个较小网络的技术，即在物理网络上进一步划分 出逻辑网络。VLAN 和普通局域网相比，不仅具有与其相同的属性，而且没有物理位置的限制。第二层的单播、多播和广播帧只在相同的 VLAN 内转发、扩散，而不会传播到其他 VLAN。同一 VLAN 的用户，即使位于不同的交换机，也像在同一个局域网内一样可以互相访问；不同 VLAN 的用户，即使连接在同一个交换机上也无法通过数据链路层进行相互访问。

标准以太网出现后，同一个交换机下不同的端口已经不再处于同一个冲突域，所以连接在交换机下的主机进行点到点的数据通信时也不再影响其他主机的正常通信。但是，后来发现应用广泛的广播报文仍然不受交换机端口的限制，在整个广播域中任意传播，甚至在某些情况下，单播报文也被转发到整个广播域的所有端口。这样一来，大大地占用了有限的网络带宽资源，导致网络效率低下，传统以太网如图 5-16 所示。

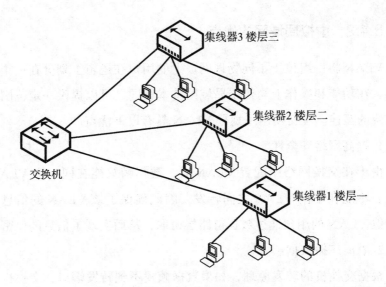

集线器3 楼层三

集线器2 楼层二

交换机

集线器1 楼层一

图 5-16　传统以太网

　　但是，以太网处于 TCP/IP 协议栈的第二层，第二层上的本地广播报文是不能被路由器转发的。为了减少广播报文的影响，只能使用路由器缩小以太网上广播域的范围，从而降低广播报文在网络中的比例，提高带宽利用率。但这不能解决同一交换机下的用户隔离问题，另外，使用路由器划分广播域，对网络建设成本和网络管理都带来很多不利因素。为此，IEEE 协会专门设计制定了一种 802.1q 的协议标准，这就是VLAN 技术的根本。它应用软件实现了二层广播域的划分，完美地解决了路由器划分广播域存在的困难。

　　总体上来说，VLAN 技术划分广播域有着无与伦比的优势。VLAN从逻辑上把网络资源和网络用户按照一定的原则进行划分，把一个物理网络划分成多个小的逻辑网络。这些小的逻辑网络形成各自的广播域，即 VLAN。几个部门共同使用一个中心交换机，但是各个部门属于不同的 VLAN，形成各自的广播域，广播报文不能跨越这些广播域进行传送。

### 5.4.2 虚拟局域网的优点

VLAN 将一组位于不同物理网段上的用户在逻辑上划分在一个局域网内，在功能和操作上与传统局域网基本相同，可以提供一定范围内终端系统的互连。在交换网中划分 VLAN 具有以下优点。

1. 提高网络安全性

由于在交换网络中配置 VLAN 后，数据帧只能在同一个 VLAN 内转发，不能在不同 VLAN 之间转发，因此确保了该 VLAN 的信息不会被其他 VLAN 的用户通过数据链路层窃取，从而实现了信息的保密。

2. 隔离广播数据

根据交换机的转发原理，如果数据帧找不到转发端口，交换机会将该帧转发到除了发送端口之外的所有端口，即数据帧的泛洪。这样就极大地浪费了网络带宽资源，如果配置了 VLAN，交换机则只会将此数据帧广播到属于该 VLAN 的其他端口，而不是交换机的所有端口，这样就将数据帧限制在一个 VLAN 范围内，从而提高了网络效率。

3. 网络管理简单

对于交换式以太网，如果对某些用户重新进行网段分配，需要对网络系统的物理结构进行重新调整，甚至需要增加设备，增大了网络管理的工作量。交换式以太网中使用 VLAN 技术，当一个用户从一个位置移动到另一个位置时，它的网络属性不需要重新配置，而是动态完成，这种动态网络管理给网络管理者和使用者都带来了极大的好处。一个用户无论到哪里，都能不进行任何修改地接入网络，这种前景是非常美好的。当然，并不是所有的 VLAN 定义方法都能做到这一点。

4. 方便实现虚拟工作组

使用 VLAN 的最终目标就是建立虚拟工作组模型。例如，在校园网中，同一个部门的工作站就好像在同一个局域网上一样，很容易互相访问、交流信息；同时，所有的广播包也都被限制在该 VLAN 上，而不影响其他 VLAN 的用户。一个用户如果从一个办公地点换到另外一个办公地点，而仍然在原部门，该用户的配置无须改变；同时，如果一个用户虽然办公地点没有变，但更换了部门，网络管理员只需更改该用户的配置即可。虚拟工作组的目标就是建立一个动态的组织环境。

（1）用户不受物理设备的限制，VLAN 用户可以处于网络中的任何地方。

（2）VLAN 对用户的应用不产生影响，VLAN 的应用解决了许多大型二层交换网络产生的问题。

（3）限制广播报文，提高带宽的利用率。

VLAN 技术可以有效地解决广播风暴带来的性能下降等问题。一个 VLAN 形成一个小的广播域，同一个 VLAN 成员都在其所属 VLAN 确定的广播域内，当一个数据包没有路由时，交换机只会将此数据包发送到所有属于该 VLAN 的其他端口，而不是所有交换机的端口。这样，数据包就被限制到了一个 VLAN 内，在一定程度上可以节省带宽资源，如图 5-17 所示。

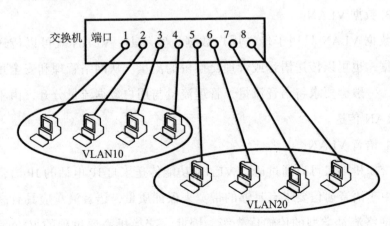

图 5-17　VLAN 限制广播报文

### 5.4.3 虚拟局域网的类型

1. 默认 VLAN

交换机初始启动时，所有端口属于同一个默认 VLAN，即 VLAN1，连接在交换机上的所有设备都可以直接通信。VLAN1 具有 VLAN 的所有功能，但不能重新命名或删除，因为交换机的数据链路层控制流量将始终在 VLAN1 中传送。为了确保安全，可将交换机默认 LVAN 改为其他 VLAN，同时需要对交换机的所有端口进行配置。

2. 管理 VLAN

管理 VLAN 是用于访问交换机管理功能的 VLAN。通过管理 VLAN 分配 IP 地址、子网掩码和默认网关，交换机通过 Telnet、SSH、Web 或 SNMP 等方式进行带内管理。交换机默认的管理 VLAN 就是 VLAN1，而 VLAN1 同时又是默认 VLAN，这样是不安全的，因为 VLAN1 中所有的用户都能管理交换机。所以，需要为交换机创建一个专门的管理 VLAN，为其分配 IP 地址等相关信息，只将网络管理员加入此管理 VLAN 即可。

3. 数据 VLAN

数据 VLAN 只用于传送用户数据。实际上，VLAN 既可以传送用户数据，也可以传送语音或管理交换机的流量。从网络管理和安全角度出发，一般会要求将语音流量、管理流量与用户数据流量分开，由不同的 VLAN 传送。

4. 语音 VLAN

交换机端口可以通过语音 VLAN 功能传送来自 IP 电话的 IP 语音流量。由于语音通信要求有足够的带宽来保证质量，语音流量应具有高于其他网络流量类型的传输优先级，因此，交换机需要单独的 VLAN 来专门支持语音传送。VLAN99 用于传送语音流量。PC1 连接到 IP 电话，

IP 电话连接到交换机 S2，PC1 属于 VLAN10，用于传送学生数据的 VLAN。交换机 S2 的 F0/1 端口配置为启用语音 VLAN 功能的接入端口，它可以指示电话为语音帧添加 VLAN99 标记。

5. 本征 VLAN

该 VLAN 分配给 802.1q 中继端口。802.1q 中继端口支持来自多个 VLAN 的有标记流量，也支持来自 VLAN 以外的无标记流量，802.1q 中继端口会将无标记流量发送到本征 VLAN。VLAN100 既是本征 VLAN，又是管理 VLAN；VLANIO、VLAN20 是数据 VLAN。如果交换机端口配置了本征 VLAN，则连接到该端口的计算机将产生无标记流量。本征 VLAN 在 IEEE 802.1q 规范中说明，其作用是向下兼容传统 VLAN 方案中的无标记流量。本征 VLAN 的目的是充当中继链路两端的公共标识。

### 5.4.4　虚拟局域网的实现

从实现方式来看，所有 VLAN 都是通过交换机软件实现的；从实现的机制或策略来划分，VLAN 可以分为静态 VLAN 和动态 VLAN。

1. 静态 VLAN

静态 VLAN 就是静态地将以太网交换机上的一些端口划分给一个 VLAN。这些端口一直保持这种配置关系，直到人为改变。尽管静态 VLAN 需要网络管理员通过配置交换机软件来改变其成员的隶属关系，但其有良好的安全性，配置简单且可以直接控制。因此，静态 VLAV 很受网络管理员的欢迎，特别是站点设备位置相对稳定时，静态 VLAN 是最佳选择。

2. 动态 VLAN

动态 VLAN 是指交换机上的 VLAN 端口是动态分配的。通常，动态分配原则以 MAC 地址、IP 地址或网络层协议为基础。VLAN 既可以在单台交换机中实现，也可以跨越多台交换机实现。

### 5.4.5 虚拟局域网的划分方法

VLAN 从逻辑上对网络进行划分，组网方案灵活，配置管理简单，降低了管理维护的成本。VLAN 的主要目的就是划分广播域。在建设网络时，如何确定这些广播域呢？下面根据物理端口和 MAC 地址逐一介绍 VLAN 的几种划分方法。

1. 基于端口的 VLAN

基于端口的 VLAN 是最简单、最常用的划分方法。根据以太网交换机的端口来划分，每个 VLAN 实际上是交换机上某些端口的集合。网络管理员只需要管理和配置交换机上的端口，使之属于不同的 VLAN，而不用考虑这些端口连接什么设备。也就是说，交换机某些端口连接的主机在一个广播域内，而另一些端口连接的主机在另一个广播域内，VLAN 和端口连接的主机无关。指定交换机 1 ～ 4 端口属于 VLAN10，5 ～ 8 端口属于 VLAN20。此时，主机 A 和主机 C 在同一 VLAN 中，主机 B 和主机 D 在另一个 VLAN 中，如果将主机 A 和主机 B 交换连接端口，则所属 VLAN 情况有所变化，即主机 A 与主机 D 在同一个 VLAN（广播域）中，主机 B 和主机 C 在另一个 VLAN 中。

如果网络中存在多个交换机，还可以指定交换机 1 的端口和交换机 2 的端口属于同一个 VLAN，同样可以实现 VLAN 内部主机的通信，也可以隔离广播报文的泛滥。所以这种 VLAN 划分方法的优点是定义 VLAN 成员非常简单，只要指定交换机的端口即可，但如果 VLAN 用户离开原来的接入端口，连接到新的交换机端口，就必须重新指定新连接的端口所属的 VLAN ID。

## 2. 基于 MAC 地址的 VLAN

基于 MAC 地址的 VLAN 划分方法是根据连接在交换机上主机的 MAC 地址来划分广播域的，即某个主机属于哪一个 VLAN 只和它的 MAC 地址有关，与其连接在哪个端口或者其 IP 地址无关。这种 VLAN 划分方法的最大优点是当用户主机的物理位置移动时，VLAN 不用重新配置；缺点是配置 VLAN 时需要对网络中主机的 MAC 地址进行登记，并根据 MAC 地址配置 VLAN，因为有些交换机的端口可能存在很多 VLAN 组成员，这样就无法对广播进行限制，导致交换机的执行效率下降。

## 3. 基于网络层协议的 VLAN

基于网络层协议的 VLAN 划分方法是根据每个主机使用的网络层协议来划分广播域的。也就是说，主机属于哪一个 VLAN 取决于它所运行的网络协议（如 IP 和 IPX 协议），而与其他因素没有关系。在交换机上完成配置后，会形成一张 VLAN 映射表，这种 VLAN 划分方法在实际中应用得非常少，因为目前绝大多数主机使用 IP 协议，其他协议的主机组件被 IP 主机代替，所以它很难将广播域划分得更小。

## 4. 基于 IP 地址的 VLAN

基于 IP 地址的 VLAN 划分方法是根据网络主机使用的 IP 地址所在的网络子网来划分广播域的，即 IP 地址属于同一个子网的主机属于同一个广播域，而与主机的其他因素没有任何关系。在交换机上完成配置后，会形成一张 VLAN 映射表。这种 VLAN 划分方法管理配置灵活，网络用户可自由移动位置而无须重新配置主机或交换机，并且可以按照传输协议进行子网划分，从而实现针对具体应用服务组织网络用户。但是，这种方法也有它的不足，因为，为了判断用户的属性，必须检查每一个数据包的网络层地址，这将耗费交换机不少的资源；另外，同一个端口可能存在多个 VLAN 用户，这会使广播报文的效率有所下降。

综合上述 VLAN 划分方法的优、缺点来看，基于端口的 VLAN 划分方法是普遍使用的方法之一，它也是目前所有交换机都支持的一种 VLAN 划分方法。少量交换机支持基于 MAC 地址的 VLAN 划分方法，大部分以太网交换机目前都支持基于端口的 VLAN 划分方法。

## 5.5　网络互联技术的应用

网络互联是将两个或多个不同的网络及设备相连接，以构成更大规模的互联网络系统，并实现互联网络的资源共享。互联的网络和设备可以是相同类型的网络和设备，也可以是不同类型的网络和设备。

在互联网络中，各个网络中的资源都能够实现共享，而这个资源共享服务又与互联网络的物理结构相分离。对于网络用户来说，互联网络结构对用户是透明的，所有不同的网络差异都因网络互联而被屏蔽。

在实际的网络应用系统中，互联的网络结构已成为网络的基本结构模式。网络互联技术的发展日新月异，其动力主要源自以下几个方面。

商业需求：全球化的企业集团需要将分布在世界各地的网络互联在一起，这是适应现代国际化企业管理模式的重要手段。企业全球化的商业需求客观上推动了网络互联技术的发展。

网络应用：计算机网络应用的飞速发展，特别是多媒体网络应用，如电视会议、远程医疗、电视点播等应用，对网络带宽、服务质量提出更高要求，这促进互联技术的创新，以适应新的应用发展。

技术进步：各种网络技术的发展与应用，形成各种高速网络与传统网络并存的局面，异构网络互联成为网络互联的一个重要课题。

信息高速公路：信息高速公路建设是要将不同地区、行业、类型的网络互联，实现这些网络之间的互联、互通与互操作。网络互联技术是实现这一目标的关键。

网络互联的对象是多个相同或不同类型的网络。不同类型的网络有不同的特点，主要表现在以下几个方面。

第一，每种网络都有不同的命名、编址方法与目录结构。

第二，每种网络都有大小不同的分组规定。

第三，每种网络都有不同的用户访问控制机制管理用户对网络资源的访问权限。

第四，网络内部路由选择依靠网络自己的差错检测与拥塞控制技术。

第五，不同的网络可能提供面向连接的服务或无连接的服务。

由于不同的网络间可能存在各种差异，因此对网络互联有如下要求。

第一，在网络之间提供一条链路，至少需要一条物理和链路控制的链路。若不存在链路，一个网络的信息就不可能传输到另一个网络中去。

第二，提供不同网络结点的路由选择和数据传送。

第三，提供网络记账服务，记录网络资源使用情况，提供各用户使用网络的记录及相关状态信息。

第四，在提供网络互联时，应尽量避免由于互联而降低网络的通信性能。

第五，不修改互联在一起的各网络原有的结构和协议。这就要求网络互联设备应能进行协议转换，协调各个网络的不同性能，这些性能包括以下几方面。

不同的编址方式：每个网络有不同的端点名字、编址方法、寻址方式和目录保持方案，需要提供全网编址方法和目录服务。

不同的最大分组长度：在互联网络中，分组从一个网络送到另一个网络时，往往需要分成几部分，称为分段。不同的网络存在着不同的分组大小。

不同的传输速率：在互联网络中，不同网络的传输速率可能不同。

不同的时限：对连接的传送服务总要等待回答响应．如超时后仍没有接到响应，则需要重传；但在互联网络中，数据传送有时需要经过多个网络，这需要更长时间，应该设定合适的超时值，以防不必要的重传。

不同的网络访问机制：对不同网络上的多个结点，结点和网络之间的访问机制可以是相同的，也可以是不同的。

差错恢复：各个网络有不同的差错恢复功能。互联网络的服务既不要依赖也不要影响各个网络原来的差错恢复能力。

状态报告：不同的网络有不同的状态报告，对互联网络还应该提供网络互联的活动信息。

路由选择技术：网内的路径选择一般依靠各个网特有的故障检测和拥挤控制技术，而互联网络应提供不同网络之间进行路径选择的能力。

用户访问控制：不同的网络有不同的用户访问控制方法，用于管理用户对网络的访问权限。互联网络需要具有对不同的用户访问权限的控制能力。

连接和无连接服务：不同的网络可能提供面向连接的服务，也可能提供无连接的数据报服务。互联网络的服务不应该依赖于原来各个网络所提供的服务类型。

当源网络发送分组到目的网络要跨越一个或多个外部网络时，这些性能差异会使得数据包在穿过不同网络时产生很多问题。网络互联的目的就在于提供不依赖于原来各个网络特性的互联网络服务，因此，网络互联应完成以下两类功能。

152

一是基本功能。网络互联的必备功能，包括不同网络之间传送数据的寻址与路由选择等功能。

二是扩展功能。网络互联的服务功能，包括协议转换、分组长度变换、分组重新排序、差错检测等功能。

### 5.5.1　VPN 技术

1.VPN 原理

虚拟专用网（virtual private network，VPN）指的是基于公用网络（通常是 Internet）且能够自我管理的专用网络。以 IP 协议为主要通信协议的 VPN，也可称之为 IP-VPN。

把 Internet 用作专用广域网，就要克服两个主要障碍。首先，网络经常使用多种协议，如 IPX 和 NetBEUI，进行通信，但 Internet 只能处理 IP 流量。所以，VPN 就需要提供一种方法，将非 IP 协议从一个网络传送到另一个网络；其次，Internet 上传输的数据包以明文格式传输。因而，只要看得到 Internet 流量，也能读取包内所含数据。如果希望利用 Internet 传输重要的机密信息，这存在一个安全问题。VPN 技术克服这些障碍的办法就是采用了隧道技术；数据包不是公开在网上传输，而是首先进行加密以确保安全，然后由 VPN 封装成 IP 包的形式，通过隧道在网上传输。

例如一个网络上运行 NetWare，而该网络上的客户机想通过 Internet 连接至远程 NetWare 服务器。传统 NetWare 使用的主要协议是 IPX。如果使用普通第 2 层 VPN 模型的话，发往远程网络的 IPX 包就先到达隧道发起设备。该设备可能是远程接入设备、路由器，甚至是 PC 机（如果是远程客户机至服务器连接的话），它为数据包做好网上传输的准备。源网络上的 VPN 隧道发起器与目标网络上的 VPN 隧道终结器进行通信。两者就加密方案达成一致，然后隧道发起器对数据包进行加密，确保安全。最后，VPN 发起器将整个加密包封装成 IP 包。现在不管原先传输的是何种协议，它都能在 Internet 上传输。又因为包进行了加密，谁也无法读取原始数据。

在目标网络这头，VPN 隧道终结器收到数据包后去掉 IP 信息，然后根据达成一致的加密方案对包进行解密，将随后获得的包发给远程接入服务器或本地路由器，它们再把隐藏的 IPX 包发到网络，最终发往相应目的地。

2.VPN 主要技术

虚拟专用网（VPN）被定义为通过一个公用网络（通常是 Internet）建立一个临时的、安全的连接，是一条穿过混乱的公用网络的安全、稳定的隧道。虚拟专用网是对企业内部网的扩展。

虚拟专用网可以帮助远程用户、公司分支机构、商业伙伴及供应商同公司的内部网建立可信的安全连接，并保证数据的安全传输。通过将数据流转移到低成本的专用网络上，一个企业的虚拟专用网解决方案将大幅度地减少用户花费在城域网和远程网络连接上的费用。同时，这将简化网络的设计和管理，加速连接新的用户和网站。另外，虚拟专用网还可以保护现有的网络投资。随着用户的商业服务不断发展，企业的虚拟专用网解决方案可以使用户将精力集中到自己的生意上，而不是网络上。虚拟专用网可用于不断增长的移动用户的全球因特网接入，以实现安全连接；可用于实现企业网站之间安全通信的虚拟专用线路，用于经济有效地连接到商业伙伴和用户的安全外联网虚拟专用网。

虚拟专用网至少应能提供以下功能。

（1）加密数据，以保证通过公网传输的信息即使被他人截获也不会泄露。

（2）信息认证和身份认证，保证信息的完整性、合法性，并能鉴别用户的身份。

（3）提供访问控制，不同的用户有不同的访问权限。

IP-VPN 是通过隧道机制实现的，隧道机制可以提供一定的安全性，并且使 VPN 中分组的封装方式、地址信息与承载网络的封装方式 . 地址信息无关。目前常见的 IP-VPN 技术有第二层隧道协议（L.2TP）、IP 安全协议（IPSec）、通用路由封装协议（GRE）和多协议标签交换协议（MPLS）。

## 5.5.2　NAT 技术

### 1.NAT 技术概述

网络地址转换（network address translation，NAT）的功能，就是指在一个网络内部，根据需要可以随意自定义的 IP 地址，而不需要经过申请。在网络内部，各计算机间通过内部的 IP 地址进行通讯。而当内部的计算机要与外部 Internet 网络进行通讯时，具有 NAT 功能的设备（比如路由器）负责将其内部的 IP 地址转换为合法的 IP 地址（经过申请的 IP 地址）进行通信。它实现内网的 IP 地址与公网的地址之间的相互转换，将大量的内网 IP 地址转换为一个或少量的公网 IP 地址，减少对公网 IP 地址的占用。

NAT 的最典型应用是：在一个局域网内，只需要一台计算机连接上 Internet，就可以利用 NAT 共享 Internet 连接，使局域网内其他计算机也可以上网。使用 NAT 协议，局域网内的计算机可以访问 Internet 上的计算机，但 Internet 上的计算机无法访问局域网内的计算机。

Windows 操作系统的 Internet 连接共享、Sygate、WinRoute、Unix/Linux 的 natd 等软件，都是使用 NAT 协议来共享 Internet 连接。所有 Internet 服务提供商（ISP）提供的内网 Internet 接入方式，几乎都是基于 NAT 协议的。

使用 NAT 技术的优点如下。

（1）对于那些家庭用户或者小型的商业机构来说，使用 NAT 可以更便宜、更有效地接入 Internet。

（2）使用 NAT 可以缓解目前全球 IP 地址不足的问题。

（3）在很多情况下，NAT 能够满足安全性的需要。

（4）使用 NAT 可以方便网络的管理，并大大提高了网络的适应性。

使用 NAT 技术的缺点如下。

（1）NAT 会增加延迟，因为要转换每个数据包包头的 IP 地址，自然要增加延迟。

（2）NAT 会使某些要使用内嵌地址的应用不能正常工作。

2. NAT 实现方式

当内部网络中的一台主机想传输数据到外部网络时，它先将数据包传输到 NAT 路由器上，路由器检查数据包的报头，获取该数据包的源 IP 信息，并从它的 NAT 映射表中找出与该 IP 匹配的转换条目，用所选用的内部全局地址（全球唯一的 IP 地址）来替换内部局部地址，并转发数据包。

当外部网络对内部主机进行应答时，数据包被送到 NAT 路由器上，路由器接收到目的地址为内部全局地址的数据包后，它将用内部全局地址通过 NAT 映射表查找出内部局部地址，然后将数据包的目的地址替换成内部局部地址，并将数据包转发到内部主机。

NAT 有 3 种实现方式，包括有静态 NAT、动态地址 NAT 和端口多路复用地址转换 3 种技术类型。静态 NAT 是把内部网络中的每个主机地址永久映射成外部网络中的某个合法地址；动态地址 NAT 是采用把外部网络中的一系列合法地址使用动态分配的方法映射到内部网络；端口多路复用地址转换是把内部地址映射到外部网络的一个 IP 地址的不同端口上。根据不同的需要，选择相应的 NAT 技术类型。

# 第6章　计算机网络安全与网络管理技术探究

## 6.1　数据加密技术

### 6.1.1　密码学概述

早在4 000多年前，人类就已经有了使用密码技术的记载。最早的密码技术源自隐写术。用明矾水在白纸上写字，当水干了之后，就什么也看不到了，而在火上烤时，字就会显现出来。这是一种非常简单的隐写术。在一些武侠小说中，有的写有武功秘籍的纸泡在水里就能显示出来，这些都是隐写术的具体表现。

在现代生活中，随着计算机网络的发展，用户之间信息的交流大多是通过网络进行的。用户在计算机网络上进行通信，一个主要的危险是所传送的数据被非法窃听。例如，搭线窃听、电磁窃听等。因此，如何保证传输数据的机密性成为计算机网络安全需要研究的一个课题。通常的做法是先采用一定的算法对要发送的数据进行软加密，然后将加密后的报文发送出去，这样即使在传输过程中报文被截获，对方也一时难以破译以获得其中的信息，保证了传送信息的机密性。

数据加密技术是信息安全的基础，很多其他的信息安全技术（例如，防火墙技术、入侵检测技术等）都是基于数据加密技术的。同时，数据加密技术也是保证信息安全的重要手段之一，不仅具有对信息进行加密的功能，还具有数字签名、身份验证、秘密分存、系统安全等功能。所以，使用数据加密技术不仅可以保证信息的机密性，还可以保证信息的完整性、不可否认性等安全要素。

密码学是一门研究密码技术的科学，包括两个方面的内容，分别为密码编码学和密码分析学，其中，密码编码学是研究如何将信息进行加密的科学，密码分析学则是研究如何破译密码的科学。两者研究的内容刚好是相对的，但两者却是互相联系、互相支持的。

1.密码学的相关概念

密码学的基本思想是伪装信息，使未授权的人无法理解其含义。所谓伪装，就是将计算机中的信息进行一组可逆的数字变换的过程，其中包括以下几个相关的概念。

（1）加密。加密将计算机中的信息进行一组可逆的数学变换的过程。用于加密的这一组数学变换称为加密算法。

（2）明文。信息的原始形式，即加密前的原始信息。

（3）密文。明文经过了加密后就变成了密文。

（4）解密。授权的接收者接收到密文之后，进行与加密互逆的变换，去掉密文的伪装，恢复明文的过程，就称为解密。用于解密的一组数学变换称为解密算法。

加密和解密是两个相反的数学变换过程，都是用一定的算法实现的。为了有效地控制这种数学变换，需要一组参与变换的参数。这种在变换过程中，通信双方掌握的专门的信息就称为密钥。加密过程是在加密密钥的参与下进行的；同样，解密过程是在解密密钥（记为 K）的参与下完成的。

数据加密和解密的模型如图 6-1 所示。

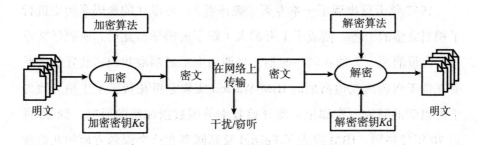

图 6-1　数据加密、解密模型示意图

从图 6-1 可以看到，将明文加密为密文的过程可以表示如下。

$$C = E(P, K_e) \tag{6-1}$$

将密文解密为明文的过程可以表示如下。

$$P = D(C, K_d) \tag{6-2}$$

2. 密码学发展的 3 个阶段

（1）第 1 阶段古典密码学阶段。通常把从古代到 1949 年这一时期称为古典密码学阶段。这一阶段可以看作是科学密码学的前夜时期，那时的密码技术还不是一门科学，只是一种艺术，密码学专家常常是凭知觉和信念来进行密码设计和分析，而不是推理和证明。

在这个阶段中，出现了一些密码算法和加密设备，主要是针对字符进行加密，简单的密码分析手段在这个阶段也出现了。在古典密码学阶段，加密数据的安全性取决于算法的保密，如果算法被人知道了，密文也就很容易被人破解。

（2）第 2 阶段现代密码学阶段。这个阶段是从 1949 年到 1975 年。1949 年香农发表的《保密系统的信息理论》为近代密码学建立了理论基础，从此使密码学成为一门科学。从 1949 年到 1967 年，密码学是军队独家专有的领域，个人既无专业知识又无足够的财力去投入研究，因此这段时间密码学方面的文献近乎空白。

1967 年卡恩出版了一本专著《破译者》，对以往的密码学历史进行了相当完整的记述，使成千上万的人了解了密码学。此后，密码学文章开始大量涌现。大约在同一时期，早期为空军研制敌我识别装置的费斯妥在位于纽约约克镇高地的 IBM Watson 实验室里花费了毕生精力致力于密码学的研究。在那里，他开始着手美国数据加密的研究，到 20 世纪 70 年代初期，IBM 发表了 Feistel 及其同事在这个课题方面的几篇技术报告。

在这个阶段，加密数据的安全性取决于密钥而不是算法的保密。这是和古典密码学阶段的重要区别。

（3）第 3 阶段公钥密码学阶段。第 3 阶段从 1976 年至今。1976 年，Diffie 和 Hellman 在他们发表的论文 *New directions in cryptography* 中，首先证明了在发送端和接收端无密钥传输的保密通信是可能的，第一次提出了公开密钥密码学的概念，从而开创了公钥密码学的新纪元。1977 年，李维斯特、萨莫尔、阿德曼 3 位教授提出了 RSA 公钥算法。到了 20 世纪 90 年代，逐步出现椭圆曲线等其他公钥算法。

相对于 DES 等对称加密算法，这一阶段提出的公钥加密算法使加密时无需在发送端和接收端之间传输密钥，从而进一步提高了加密数据的安全性。

3.密码学与信息安全的关系

（1）信息的保密性。提供只允许特定用户访问和阅读信息，任何非授权用户对信息都不可理解的服务。这是通过密码学中的数据加密来实现的。

（2）信息的完整性。提供确保数据在存储和传输过程中不被未授权修改（篡改、删除插入和伪造等）的服务。这可以通过密码学中的数据加密、单向散列函数来实现。

（3）信息的源发鉴别。提供与数据和身份识别有关的服务。这可以通过密码学中的数字签名来实现。

（4）信息的抗抵赖性。提供阻止用户否认先前的言论或行为的服务。这可以密码学中的数字签名和时间戳来实现，或借助可信的注册机构或证书机构的辅助提供这种服务。

## 6.1.2　对称密钥加密

从本质上讲，所有的加密算法都涉及数据的替换，如将一部分明文经过加密计算替换成相应的密文，生成加密消息。对称密钥加密算法是应用比较早的一类加密算法，技术相对比较成熟。在对称密钥加密算法中，数据发送方将明文和加密密钥作为输入，经过加密算法运算处理后，把明文转换为密文发送给接收方。接收方收到密文后，如果要解读原文，需要使用加密算法的逆算法和加密过程中使用的密钥对密文进行解密处理，才能将密文还原为原始的明文。在对称密钥加密算法中，加密和解密运算使用的密钥只有一个，数据的发送方和接收方都使用这个相同的密钥对数据进行加密和解密处理，这要求接收方在进行解密运算时必须知道加密密钥。

1. 恺撒加密算法

在介绍现代复杂的对称密钥加密算法之前，首先介绍一个古老而又简单的对称密钥加密算法：恺撒加密（Caesar Cipher）算法。传说古罗马帝国的尤利乌斯·恺撒是最早使用加密方法的古代将领之一，恺撒用恺撒加密算法保护重要军事情报，因此这种加密算法也被称为恺撒密码。以英语文字为例，恺撒加密算法是将字母按字母表顺序向后推移 $k$ 位，以该字母替换原来的字母，从而起到对原文进行加密的作用。例如，如果取 $k=3$，那么明文中的字母"A"将被替换为"D"作为密文，明文中的字母"C"将被替换为"F"作为密文，依此类推，可以得到如表 6-1 所示的恺撒加密算法明文—密文对照表。

表 6-1　恺撒加密算法明文—密文对照表（$k=3$）

| 明文 | A B C D E F G H I J K L M N O P Q R S T U V W X Y Z |
|---|---|
| 密文 | D E F G H I J K L M N O P Q R S T U V W X Y Z A B C |

假设恺撒向他的部下布鲁图斯发出了这样一条命令：

BRUTUS, RETURN TO ROME.

该命令的明文经过恺撒加密算法（假定 $k=3$）加密后转换为以下密文：

EUXWXV, UHWXUQ WR URPH.

加密之后的密文命令杂乱无章，毫无头绪，从字面上看不出任何意义，即使被敌军截获，也不会泄密。

按照如表 6-2 所示的明文—密文对照表，前面例子中的明文"BRUTUS, RETURN TO ROME."将会被加密为如下的密文：

HXAZAY, XKZAXT ZU XUSK.

表 6-2　恺撒加密算法明文—密文对照表（$k=6$）

| 明文 | A B C D E F G H I J K L M N O P Q R S T U V W X Y Z |
|---|---|
| 密文 | G H I J K L M N O P Q R S T U V W X Y Z A B C D E F |

同样，当 $k=6$ 时，使用恺撒加密算法加密之后的密文也是杂乱无章的，从字面上看不出任何意义。

值得注意的是，恺撒加密算法是一个典型的对称密钥加密算法。在恺撒加密算法中，字母向后推移的位数 $k$ 的值就是加密和解密运算共同使用的密钥。加密方使用 $k$ 值进行加密运算，解密方使用相同的 $k$ 值进行解密运算，加密密钥和解密密钥都是 $k$ 值，在上面的例子中，这个共同的密钥就是"$k=3$"这一关键信息。

从上面的例子可以看出，无论是 $k=3$ 还是 $k=6$，恺撒加密算法都能够将明文加密转换为晦涩难懂的密文，起到一定的数据加密作用。但是，值得指出的是，恺撒密码是相对比较容易破解的，如果密码破解者知道加密方使用的是恺撒加密算法，这一点尤为明显。因为作为加密密钥和解密密钥的 $k$ 值总共只有 25 种可能的取值情况，密码破解者只需采用穷举法，逐个去尝试所有可能的 $k$ 值，就一定能够在不太长的时间内破解恺撒密码。

2. 单表加密算法

和恺撒加密算法一样，单表加密，也被称为单表替换加密，也是一种替换型加密算法，它通过使用字母表中的一个字母替换字母表中的另一个字母进行加密。与恺撒加密算法不同的是，单表加密算法不是按照固定的规律进行字母替换（如字母表中的所有字母都按照固定的 $k$ 值进行位移替换），而是字母表中的任何一个字母可以由字母表中的任何一个其他字母进行替换，只要字母表中的每个字母都有唯一的字母与之对应替换。表 6-3 给出了一种可能的单表加密算法明文—密文对照表。

表 6-3　单表加密算法明文—密文对照表

| 明文 | 密文 | 明文 | 密文 |
|------|------|------|------|
| A | W | N | H |
| B | U | O | J |
| C | K | P | N |
| D | Z | Q | L |
| E | B | R | P |
| F | X | S | R |
| G | I | T | E |
| H | A | U | S |
| I | O | V | T |

| 明文 | 密文 | 明文 | 密文 |
|------|------|------|------|
| J | V | W | D |
| K | Q | X | G |
| L | Y | Y | M |
| M | F | Z | C |

按照表 6-3 所示的替换规则，前面例子中的明文"RUTUS，RETURN TO ROME."将会被转换为如下的密文：

UPSESR，PBESPH EJ PJFB.

可以看出，和使用恺撒加密算法的效果一样，使用单表加密算法加密之后的密文也是晦涩难懂，从字面上看不出任何意义。

在恺撒加密算法中，作为密钥的 $k$ 值一共有 25 种可能的取值情况。在单表加密算法中，由于字母表中的任何一个字母可以由字母表中的任何一个其他字母进行替换，因此一共有 26! 种可能的情况，这个数字非常大，大约是 1 026 这个数量级。如果密码破解者试图采用穷举法破解单表加密算法，逐个去试所有可能的 26! 种情况，将会耗费极其巨大的代价，不是可行的方法。显然，相比恺撒加密算法，单表加密算法的加密性能有很大的提高，密码更难被破解。

尽管单表加密算法相对于恺撒加密算法而言加密性能有很大的提高，但是，通过一些对明文的统计分析，单表加密算法也是相对比较容易破解的。首先，如果密码破解者知道在英语文字中字母"e"和"t"是出现频率最高的两个字母，分别占 13% 和 9%，就会对破解单表加密算法有所帮助；其次，如果密码破解者知道在英语文字中有些字母经常组合在一起出现，如"re""er""it""ing""in"和"ion"等，这会进一步为破解单表加密算法提供有用信息；最后，如果密码破解者对明文消息的内容有一定的了解，对单表加密算法的破解将会更加容易。例如，在上面"BRUTUS, RETURN TO ROME."这个例子中，如果密文截获者知道在明文消息中一定包含"ROME"这个词，那么原先对 26 个字母进行破解就简化为对 22 个字母进行破解，破解单表加密算法的搜索空间进一步缩减。事实上，如果密码破解者还知道恺撒的这条命令和布鲁图斯有关，明文消息中包含"BRUTUS"这个词，那么对单表加密算法的破解会变得更加容易。

3. DES 算法

前面介绍的恺撒加密算法和单表加密算法都属于传统的对称密钥加密算法，距今已有几千年的历史。接下来，介绍一种现代的对称密钥加密算法：DES（Data Encryption Standard，数据加密标准）算法。

美国国家标准局于 1973 年和 1974 年两次向社会征求适用于商业和非机密政府部门的加密算法。在征集到的算法中，IBM 公司设计的 Lucifer 算法被选中，该算法于 1976 年 11 月被美国政府采用，随后获得美国国家标准局和美国国家标准协会的承认，并于 1977 年 1 月以 DES 的名称正式向社会公布。

DES 是一种用于电子数据加密的对称密钥加密算法，它采用固定长度（64 位）的明文比特字符串，通过一系列复杂的操作将其转换成相同长度的密文比特字符串。DES 使用密钥来定制对明文的加密变换，只有知道加密运算使用的特定密钥才能完成相应的解密运算。DES 的密钥长度为 64 位，其中 8 位是奇校验位，每个字节对应一个校验位，用于进行奇偶校验，因此，DES 密钥的实际有效长度有 56 位。

DES 算法使用 8 字节共 64 位的密钥，对 8 字节共 64 位的需要被加密的明文数据块进行加密运算，将其转换为长度为 64 位的密文。DES 算法的解密运算和加密运算使用相同的密钥，这是所有对称密钥加密算法都必须具备的属性。DES 算法的解密运算是加密运算的逆运算，即解密运算是将加密运算中的每一个步骤按照从后向前的顺序逐个执行一遍。DES 算法的基本运算过程总体上分为初始置换、16 轮中间迭代运算、32 位交换、逆置换等四个主要部分，总共包括 19 个具体的步骤，如图 6-2 所示。

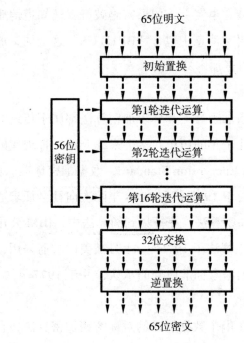

（a）DES 算法总体步骤

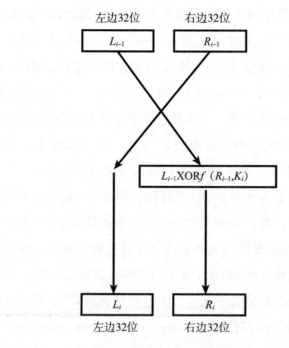

左边32位　　　　右边32位

$L_{i-1}$　　　　　$R_{i-1}$

$L_{i-1}\text{XOR}f\,(R_{i-1},K_i)$

$L_i$　　　　　　$R_i$

左边32位　　　　右边32位

（b）中间迭代运算

图 6-2　DES 算法运算过程

DES 算法的第一个步骤是初始置换，按照规则把 64 位原始明文数据顺序打乱，重新排列。例如，将输入的 64 位明文的第 1 位置换到第 40 位，第 2 位置换到第 8 位，第 3 位置换到第 48 位，依此类推。注意，初始置换的数据置换规则是规定好的，初始置换处理与密钥无关。

DES 算法的最后一个步骤是逆置换，逆置换是初始置换的逆运算，即逆置换的数据置换规则和初始置换正好相反。例如，将第 40 位置换到第 1 位，第 8 位置换到第 2 位，第 48 位置换到第 3 位，依此类推。

DES 算法的倒数第二个步骤是 32 位交换，将 64 位数据中的左半边 32 位和右半边 32 位进行交换。

在 DES 算法整体 19 个步骤中，中间的 16 轮迭代运算 [ 图 6-2（a）中所示的第 1 轮迭代运算到第 16 轮迭代运算 ] 从功能上是完全相同的，但是每一轮迭代运算使用不同的密钥 $K_i$ 作为参数。如图 6-2（b）所示，在 DES 算法中间的每一轮迭代运算，以两个 32 位数据作为输入（左边 32 位的输出很简单，就是把右边 32 位的输入复制过来，即 $L_i = R_{i-1}$。右边 32 位的输出比较复杂，它是将左边 32 位输入 $L_{i-1}$ 与右边 32 位输入 $R_{i-1}$ 和本轮迭代运算的密钥 $K_i$ 的一个函数执行按位异或运算得到的结果，即图 6-2（b）中所示的 $R_i = L_{i-1} \text{ XOR } f(R_{i-1}, K_i)$，其中 XOR 表示按位异或运算。在 DES 算法中，计算右边 32 位输出 $R_i$ 使用的函数 $f(\ )$ 比较复杂，限于篇幅，这里不详细介绍，其详细运算细节可以参考相关算法资料。值得指出的是，整个 DES 算法的复杂度也正是源于 $f(\ )$ 函数。

上面介绍了 DES 算法的基本思路和运算过程，那么，DES 算法的加密效果究竟怎么样？使用 DES 算法加密的数据到底有多安全？ 1997 年，一家网络安全公司发起了首届"DES 算法挑战赛"，看谁能够破解使用 DES 算法加密的一段信息"Strong cryptography makes the world a safer place."。在首届挑战赛上，一个由罗克·维瑟领导的团队用了不到四个月的时间成功破解了这段密码，获得一万美元的奖金。该团队在 Internet 上召集了许多密码破解志愿者，以分布式计算的方式系统地对 DES 密码的解空间进行搜索。由于 DES 算法密钥的实际有效长度是 56 位，因此所有可能的密钥的总数是 $2^{56}$ 个，大约是 72 千万亿个，该团队的密码破解志愿者采用穷举法逐个去试每一个可能的密码。事实上，该团队在搜索了大约四分之一的密码解空间，即 18 千万亿个密码后，就成功破解了该密码。在 1999 年的第三届 DES 挑战赛（DES Challenge II）上，密码破解者借助一台专用的计算机，仅仅用了 22 小时多一点的时间就成功破解了 DES 密码。

随着计算机运算速度的不断提高，如果认为使用 56 位密钥的 DES 算法还不够安全，那么可以反复多次使用该算法，从而提高数据加密性能。以上一次 DES 算法的 64 位输出结果作为输入，进行下一次 DES 运算，每次运算时使用不同的密钥，如三重 DES 运算（triple DES，或称为 3DES）。

### 6.1.3　非对称密钥加密

1976 年，美国斯坦福大学的两位密码学研究人员 Diffie 和 Hellman 在 IEEE Transactions on Information 上发表了论文《密码编码学的新方向》（*New Direction in Transactions on Information*）上发表了论文《密码编码学的新方向》（*New Direction in Cryptography*），提出了"非对称密钥加密体制即公开密钥加密体制"的概念，开创了密码学研究的新方向。在非对称密钥加密体制下，不仅加密算法可以公开，甚至加密密钥也可以是公开的，因此非对称密钥加密也被称为公开密钥加密（public key encryption）。公开密钥并不会导致保密程度降低，因为加密密钥和解密密钥不一样。

非对称密钥加密算法使用两把完全不同但完全匹配的一对密钥：公开密钥（public key）和私人密钥（private key）。公开密钥简称公钥，对外公开；私人密钥简称私钥，秘密保存。

在非对称密钥加密算法中，加密密钥不同于解密密钥，加密密钥是公开的，谁都知道，甚至包括信息截取者或攻击者、入侵者，而解密密钥只有解密人自己知道。在使用非对称密钥加密算法进行数据加密时，只有使用匹配的一对公钥和私钥才能完成对数据的加密和解密。

非对称密钥加密算法的基本思想是，通信双方在发送信息之前，接收方必须将自己的公钥告知发送方，自己保留私钥。由于发送方知道接收方的公钥，它利用接收方的公钥对原始明文进行加密，得到密文，然后将密文发送给接收方。接收方收到密文后，使用自己的私钥对密文进行解密，还原得到原始的明文。非对称密钥加密算法的基本工作原理可以归纳为以下五个步骤。

（1）用户 A 要向用户 B 发送信息，用户 A 和用户 B 都要产生一对匹配的用于加密和解密的公钥和私钥。

（2）用户 A 将自己的公钥告诉用户 B，私钥保密；用户 B 将自己的公钥告诉用户 A，私钥保密。

（3）用户 A 要给用户 B 发送信息时，由于用户 A 已经知道用户 B 的公钥，用户 A 以用户 B 的公钥作为输入参数对原始明文进行加密处理，得到相应的密文。

（4）用户 A 将密文发送给用户 B。

（5）用户 B 收到密文后，用自己的私钥进行解密。其他收到密文的人，如信息截取者（或攻击者、入侵者）无法解密，因为只有用户 B 知道自己的私钥。

非对称密钥加密算法的基本工作过程如图 6-3 所示。

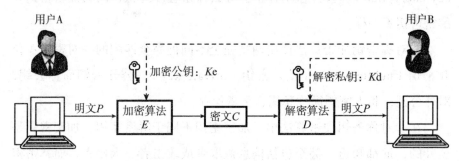

图 6-3 非对称密钥加密算法的基本工作过程

如图 6-3 所示，在非对称密钥加密算法中，用户 A 发出的明文通过加密算法转换为密文的过程如下：

$$C = E_{K_e}(P) \qquad\qquad (6-3)$$

式（6-3）的含义是，加密算法 E 以明文 P 和加密用的公钥 $K_e$ 为输入，经过加密算法运算处理，得到密文 C 作为加密算法的输出。

如图 6-3 所示，在非对称密钥加密算法中，将密文通过解密算法还原为明文的过程如下：

$$D_{K_d}(C) = D_{K_d}\left[E_{K_e}(P)\right] = P \qquad\qquad (6-4)$$

式（6-4）的含义是，解密算法 $D$ 以密文 $C$ 和解密用的私钥 $K_d$ 为输入，经过解密算法运算处理，还原得到明文 $P$ 作为解密算法的输出。

根据上述非对称密钥加密算法的基本思想和工作原理，可以看出非对称密钥加密算法的显著优点：通信双方为了安全地传输私密信息，无需互相传送解密算法所需的私钥。在整个数据传输过程中，公开传输的只有通信双方的公钥，而公钥本来就是公开的信息，不存在泄密的问题。通信双方各自的私钥始终由各方自己掌握，没有公开传输，因此避免了泄密的风险。

非对称密钥加密算法的典型代表有 RSA 算法和美国国家标准局提出的 DSA（Digital Signature Algorithm）。RSA 算法是 1977 年由罗纳德·李维斯特、阿迪·萨莫尔和伦纳德·阿德曼在美国麻省理工学院开发的，算法的名称来自三位开发者姓名的缩写。RSA 算法是目前最有影响力的公开密钥加密算法，它能够抵抗到目前为止绝大多数已知的密码攻击，被国际标准化组织推荐为公开密钥数据加密标准。由于非对称密钥加密算法有两个密钥，因此适用于分布式系统中的数据加密。以非对称密钥加密算法为基础的加密技术应用非常广泛，通常用于会话密钥加密、数字签名验证等领域。

# 6.2　防火墙技术

## 6.2.1　防火墙的工作原理

如果没有防火墙，网络的安全性就完全依赖主系统的安全性，所有主系统必须通力协作来实现均匀一致的高安全性。子网越大，将所有主系统保持在相同的安全水平上的能力就越弱。防火墙有助于提高主系统总体安全性。防火墙的工作原理是让所有对系统的访问都通过被保护的某个点，并尽可能地向外界隐藏被保护网络的信息和结构。它是设置在可信任的内部网络和不可信任的外界之间的一道屏障，它可以实施比较广泛的安全政策来控制信息流，防止不可预料的入侵破坏。防火墙系统可以是路由器，也可以是个人主机、主系统或者是一批主系统，专门用于隔绝网站或子网同那些可能被子网外的主系统滥用的协议和服务。防火墙可以从通信协议的各个层次以及应用中获取、存储并管理相关的信息，以便实施系统的访问安全决策控制。

## 6.2.2　防火墙采用的技术

防火墙所采用的技术主要有 3 类，即包过滤、应用层网关和状态检测，由此形成了 3 种基本型的防火墙，即包过滤防火墙、应用层代理防火墙、状态检测防火墙。由这 3 种技术组合并引入新的技术，从而形成了混合型防火墙和各种新型防火墙。

1. 包过滤防火墙

包过滤防火墙的安全性基于校验包的 IP 地址。在互联网中，所有信息都以包的形式传输，信息包中包含发送方的 IP 地址和接收方的 IP 地址。包过滤防火墙读出所有通过的信息包中的发送方 IP 地址、接收方 IP 地址、TCP 端口、TCP 链路状态等信息，并按照预先设定的过滤原则过滤信息包。不符合规定的 IP 地址的信息包会被防火墙过滤掉，以保证网络系统的安全。这是一种基于网络层的安全技术，对于应用层的黑客行为无能为力。

2. 代理技术

代理服务器在接收客户请求后会验证其合法性，若其合法，代理服务器会取回所需的信息再转发给客户。它将内部系统与外界隔离开，外界只能看到代理服务器而看不到任何内部资源。代理服务器只允许有代理的服务通过，而其他所有服务都被完全封锁，只有那些被认为可信赖的服务才允许通过防火墙。另外，代理服务还可以过滤协议，如过滤 FTP 连接，拒绝使用 FTP put（放置）命令，以保证用户不能将文件写入匿名服务器。代理服务具有信息隐蔽功能，保证有效的认证和登录，简化了过滤规则。网络地址转换服务（Network Address Translation, NAT）可以屏蔽内部网络的 IP 地址，使网络结构对外部不可见。

3. 状态监视技术

这是第三代网络安全技术。状态监视服务的监视模块在不影响网络安全正常工作的前提下，采用抽取相关数据的方法监测网络通信的各个层次，并作为安全决策的依据。监视模块支持多种网络协议和应用协议，可以方便地实现应用和服务的扩充。状态监视服务可以监视 RPC（远程过程调用）和 UDP（用户数据包）端口信息，而包过滤和代理服务无法做到这一点。

# 6.3　网络管理技术

## 6.3.1　网络管理的概念

网络管理，简单地说就是为了保证网络系统能够持续、稳定高效和可靠地运行，对组成网络的各种软硬件设施和人员进行的综合管理。

网络管理的任务是收集、分析和检测监控网络中各种设备和实施的工作参数和工作状态信息，将结果显示给网络管理员并进行处理，从而控制网络中的设备、设施的工作参数和工作状态，以实现对网络的管理。

### 6.3.2　网络管理的重要性

随着网络在社会生活中的广泛应用，特别是在金融、商务、政府机关、军事、信息处理以及工业生产过程控制等方面的应用，支持各种信息系统的网络如雨后春笋般涌现。随着网络规模的不断扩大，网络结构也变得越来越复杂。用户对网络应用的需求不断提高，企业和用户对计算机网络的重视和依赖程度已是有目共睹。在这种情况下，企业的管理者和用户对网络性能、运行状况以及安全性也越来越重视。因此，网络管理成为现代网络技术中最重要的问题之一，也是网络设计、实现运行与维护等环节中的关键问题。

一个有效、实用的网络每时每刻都离不开网络管理的规范。如果在网络系统设计中没有很好地考虑网络管理问题，这个设计方案是存在严重缺陷的，按这样的设计组建的网络系统是危险的。如果由于网络性能下降，甚至故障而造成网络瘫痪，对企业造成的严重的损失无法估算，这种损失有可能远远大于在网络组建时，用于网络软、硬件与系统的投资。重视网络管理技术的研究与应用是每个网络用户首先要面对的问题。

计算机网络的硬件包括实际存在服务器、工作站、网关、路由器、网桥、集线器、传输介质与各种网卡。计算机网络操作系统中存在着UNIX、Windows NT、NetWare 等操作系统。不同厂家针对自己的网络设备与网络操作系统提供了专门的网络管理产品，但是这对于管理一个大型、异构、多厂家产品的计算机网络来说往往不够。具备丰富的网络管理知识与经验，是可以对复杂的网络进行有效管理的知识储备。所以，无论是对于网络管理员、网络应用开发人员，还是普通的网络用户来说，学习网络管理的基本理论与实现方法都是极有必要的。

### 6.3.4　网络管理的功能

网络管理标准化是要满足不同网络管理系统之间互操作的需求。为了支持各种网络互连管理的要求，网络管理需要有一个国际性的标准。

目前，国际上有许多机构与团体都在为制定网络管理国际标准而努力。在众多的网络协议标准化组织中，国际标准化组织与国际电信联盟的电信标准部做了大量的工作，并制定出了相应的标准。

OSI 网络管理标准将开放系统的网络管理功能划分成 5 个功能域，这 5 个功能域分别用来完成不同的网络管理功能。OSI 网络管理中定义的 5 个功能域只是网络管理最基本的功能，这些功能都需要通过与其他开放系统交换管理信息来实现。

OSI 管理标准中定义的 5 个功能域，即故障管理、配置管理、性能管理、计费管理和安全管理。

（1）故障管理。故障管理是网络管理中最基本的功能之一，用户希望有一个可靠的计算机网络。当网络中某个组成部分发生故障时，网络管理器可以迅速查找到网络故障并及时排除。故障管理就是用来维持网络的正常运行。网络故障管理包括及时发现网络中发生的故障，找出网络故障产生的原因，必要时启动控制功能来排除故障。控制活动包括诊断测试活动、故障修复或恢复活动、启动备用设备等。

通常可能无法迅速隔离某个故障，因为网络故障的产生原因往往比较复杂，特别是当故障是由多个网络组成部分共同引起时。在此情况下，一般先将网络修复，然后再分析引起网络故障的原因。故障管理是网络管理功能中与检测设备故障、差错设备的诊断、故障设备的恢复或故障排除有关的网络管理功能，其目的是保证网络能够提供连续、可靠的服务。故障管理功能可以分解成以下 5 个功能。

①检测管理对象的差错现象，或接收管理对象的差错事件通报。

②当存在冗余设备或迂回路由时，提供新的网络资源用于服务。

③创建与维护差错日志库，对差错日志进行分析。

④进行诊断测试，以跟踪并确定故障位置与故障性质。

⑤通过资源的更换、维修或其他恢复措施使其重新开始服务。

网络中所有的组成部分，包括通话设备与线路，都有可能成为网络通信的瓶颈。事先进行性能分析，将有助于在运行前或运行中避免出现网络通信的瓶颈问题。在进行这项工作时需要对网络的各项性能参数（例如，可靠性、延时、吞吐量、网络利用率、拥塞与平均无故障时间等）进行定量评价。

（2）配置管理。网络配置是最基本的网络管理功能，是指网络中每个设备的功能、相互间的连接关系和工作参数，它反映网络的状态。因为网络经常变化，所以调整网络配置的原因很多，主要有以下几点。

①向用户提供满意的服务，网络需要根据用户需求的变化，增加新的资源与设备，调整网络的规模，增强网络的服务能力。

②网络管理系统在检测到某个设备或线路发生故障，在故障排除的过程中可能会影响到部分网络的结构。

③通信子网中某个结点的故障会造成网络上结点的减少与路由的改变。

对网络配置的改变可能是临时性的，也可能是永久性的。网络管理系统必须有足够的手段来支持这些改变，不论这些改变是长期的还是短期的。有时甚至要求在短期内自动修改网络配置，以适应突发性的需要。配置管理就是用来识别、定义、初始化、控制与监测通信网中的管理对象。

配置管理功能主要包括资源清单管理、资源开通以及业务开通。

从管理控制的角度来看，网络资源可以分为 3 个状态：可用、不可用和正在测试。从网络运行的角度来看，网络资源有两个状态：活动和不活动。

配置管理是网络中对被管理对象的变化进行动态管理的核心。当配置管理软件接到网管操作员或其他管理功能设施的配置变更请求时，配置管理服务首先确定管理对象的当前状态并给出变更合法性的确认，然后对管理对象进行变更操作，最后要验证变更确实已经完成。因此，配置管理活动经常是由其他管理应用软件来实现。

配置管理包括以下方面。

①配置开放系统中有关路由操作的参数。

②被管理对象和被管对象组名字的管理。

③初始化或关闭被管对象。

④根据要求收集系统当前状态的有关信息。

⑤更改系统配置。

（3）性能管理。性能管理的目的是维护网络服务质量和网络运营效率。网络性能管理活动是持续地评测网络运行中的主要性能指标，以检验网络服务是否达到了预定的水平，找出已经发生或潜在的瓶颈，报告网络性能的变化趋势，为网络管理决策提供依据。为了达到这些目的，网络性能管理功能要维护性能数据库、网络模型，需要与性能管理功能域保持连接，并完成自动的网络管理。

典型的性能管理可以分为两部分：性能监测和网络控制。性能监测是指网络工作状态信息的收集和整理；而网络控制则是为改善网络设备的性能而采取的动作和措施。

性能管理监测的主要目的是以下几点。

①在用户发现故障并报告后，去查找故障发生的位置。

②全局监视，及早发现故障隐患，在影响服务之前就及时将其排除。

③对过去的性能数据进行分析，从而清楚资源利用情况及其发展趋势。

ISO 明确定义了网络或用户对性能管理的需求，以及衡量网络或开放系统性能的标准，定义了用于度量网络负荷、吞吐量、资源等待时间、响应时间、传播延时、资源可用性与表示服务质量变化的参数。

性能管理包括一系列管理对象状态的收集、分析与调整，保证网络可靠、连续通信的能力。性能分析的结果可能会触发某个诊断测试过程或重新配置网络以维护网络的性能。性能管理的一些典型功能包括以下几个部分。

①从管理对象中收集与性能有关的数据。

②分析与统计这些信息。

③根据统计分析的数据判断网络性能，报告当前网络性能，产生性能告警。

④将当前统计数据的分析结果与历史模型相比较，以便预测网络性能的变化趋势。

⑤形成并调整性能评价标准与性能参数标准值，根据实测值与标准值的差异来改变操作模式，调整网络管理对象的配置。

⑥实现对管理对象的控制，以保证网络性能达到设计要求。

（4）计费管理。计费管理随时记录网络资源的使用，目的是控制和监测网络操作的费用和代价。它可以估算出用户使用网络资源可能需要的费用和代价。网络管理员还可以规定用户能够使用的最大费用，从而控制用户过多地占用和使用网络资源，这也从另一方面提高了网络的效率。此外，当用户为了一个通信目的需要使用多个网络中的资源时，计费管理应能计算出总费用。

计费管理根据业务及资源的使用记录制作用户收费报告，确定网络业务和资源的使用费用并计算成本。计费管理保证向用户无误地收取使用网络业务应交纳的费用，也进行诸如管理控制的直接运用和状态信息提取一类的辅助网络管理服务。通常情况下，收费机制的启动条件是业务的开通。

计费管理的主要目的是正确地计算和收取用户使用网络服务的费用。但这并不是唯一的目的，计费管理还要进行网络资源利用率的统计和网络的成本效益核算。对于以盈利为目的的网络经营者来说，计费管理功能无疑是非常重要的。

在计费管理中，首先要根据各类服务的成本、供需关系等因素制定资费政策，资费政策包括根据业务情况制定的折扣率；其次要收集计费收据，如针对所使用的网络服务就占用时间、通信距离、通信地点等计算其服务费用。

通常计费管理包括如下几个主要功能。

①计算网络建设及运营成本，主要成本包括网络设备器材成本、网络服务成本、人工费用等。

②统计网络及其所包含的资源利用率。为确定各种业务在不同时间段的计费标准提供依据。

③联机收集计费数据。这是向用户收取网络服务费用的根据。

④计算用户应支付的网络服务费用。

⑤账单管理。保存收费账单及必要的原始数据，以备用户查询和置疑。

## 6.3.5　网络管理的模型

目前，应用最为广泛的网络管理模型是管理者 / 代理模型。这种网络管理模型的核心是一堆相互通信的系统管理实体。网络管理模型采用独特方式来使两个管理进程之间相互作用，即某个管理进程与一个远程系统相互作用，以实现对远程资源的控制。

在这种简单系统结构中，一个系统中的管理进程充当管理者角色，而另一个系统中的对应实体扮演代理角色，代理者负责提供对被管对象的访问。其中，前者称为网络管理者，后者称为网络管理代理。

不论是 OSI 的网络管理还是 IETF 的网络管理，都认为现代计算机网络管理系统基本上是由网络管理者、网络管理代理、网络管理协议和管理信息库四个要素组成的。

网络管理者（管理进程）是管理指令的发出者，网络管理者通过各网管代理对网络内的各种设备、设施和资源实施监测和控制。

网络代理负责管理指令的执行，并以通知的形式向网络管理者报告被管对象发生的一些重要事件，它一方面从管理信息库中读取各种变量值，另一方面在管理信息库中修改各种变量值。

管理信息库是被管对象结构化组织的一种抽象，它是一个概念上的数据库，由管理对象组成，各个网管代理管理 MIB 中的数据实现对本地对象的管理，各网管代理对象控制的管理对象共同构成全网的管理信息库。

网络管理协议是最重要的部分，它定义了网络管理者与网管代理间的通信方法，规定了管理信息库的存储结构和信息库中关键词的含义以及各种事件的处理方法。

目前较有影响的网络管理协议是 SNMP（Simple Network Management Protocol）和 CMIS/CMIP（Common Management Information Service/ Protocol）。其中，SNMP 流传最广，应用最多，获得的支持也最为广泛，它已经成为事实上的工业标准。

### 6.3.6 SNMP 管理协议

最早的简单网络管理协议 SNMP 发布于 1988 年。SNMP 协议提出了对网络实施监控管理的技术方案。几乎所有大型网络厂商（如 CIS-

CO、3COM、HP、Sun、Prime、联想、实达等公司）都在自己的网络设备中安装 SNMP 部件，支持 SNMP 协议。

SNMP 协议在功能上规定要从一个或多个网管工作站上远程监控网络的运行参数和设备，这包括：网络拓扑结构、设备端口流量、错包和错包数量情况、丢包和丢包数量情况、设备和端口的连接状态 VLAN 划分情况、帧中继和 ATM 网络情况、服务器 CPU、内存、磁盘、IPC、进程、网络使用情况、服务器日志情况、应用响应情况、SAN 网络情况等。

SNMP 协议还规定实现设备和端口的关闭、划分 VLAN 等远程设置功能。

SNMP 的管理模型包括四个关键元素：网管工作站、SNMP 代理、管理信息库 MIB 和 SNMP 通信协议。

SNMP 协议规定整个系统必须有一个网管工作站，通过网络设备中的 SNMP 代理程序，网络设备中的设备类型、端口配置、通信状况等信息定时传送给网管工作站，再由网管工作站以图形和报表的方式描绘出来。

1. SNMP 网管工作站

SNMP 网管工作站是网络管理员与网络管理系统的接口，它实际上是一台运行特殊管理软件（如 HP NetView、CiscoWorks 等）的计算机。SNMP 网管工作站运行一个或多个管理进程，它通过 SNMP 协议在网络上与网络设备中的 SNMP 代理程序通信，发送命令并接收代理的应答。网管工作站通过获取网络设备中需要监控的参数值来实现网络资源监视，也可以通过修改设备配置的值来使 SNMP 代理修改网络设备上的配置。许多 SNMP 网管工作站的应用进程都具有图形用户界面，提供数据分析、故障发现的功能，网络管理者能方便地检查网络状态并在需要时采取行动。

2.SNMP 代理

网络中的主机、路由器、网桥和交换机等都可配置 SNMP 代理程序，以便 SNMP 网管工作站对它进行监控或管理。每个设备中的代理程序负责搜集本地的参数（如：设备端口流量、错包和错包数量情况、丢包和丢包数量情况等）。SNMP 网管工作站通过轮询广播，向各个设备中的 SNMP 代理程序索取这些被监控的参数。SNMP 代理程序对来自 SNMP 网管工作站的信息查询和修改设备配置的请求做出响应。

SNMP 代理程序同时还可以异步地向 SNMP 网管工作站主动提供一些重要的非请求信息，而不等轮询的到来。这种被称为 Trap 的方式，能够及时地将诸如网络端口失效、丢包数量超过警戒阈值等紧急信息报告给 SNMP 网管工作站。

SNMP 网管工作站可以访问多个设备的 SNMP 代理，接收来自多个代理的 Trap。因此，从操作和控制的角度看，网管工作站"管理"着许多代理。同时，SNMP 代理程序也能对多个网管工作站的轮询请求做出响应，形成一种一对多的关系。

3. 管理信息库 MIB

MIB 是一个信息存储库，安装在网管工作站上。它存储了从各个网络设备的代理程序那里搜集的有关配置性能和运行参数等数据，是网络监控与管理的基础。MIB 数据库中存储哪些参数以及数据库结构的定义在 [RFC1212]、[RFC1213] 这样的文件中都有详细的说明。其中 [RFC1213] 是 1991 年制订的新的版本，增添了许多 TCP/IP 方面的参数。

4.SNMP 通信协议

SNMP 通信协议规定了网管工作站与设备中的 SNMP 代理程序之间的通信格式，网管工作站与设备中的 SNMP 代理程序之间通过 SNMP 报文的形式来交换信息。

SNMP 协议的通信分为读操作 Get、写操作 Set 和报告操作 Trap 三种功能共五种报文，如表 6-4 所示。

表 6-4　SNMP 协议的通信

| SNMP<br>报文类型编号 | SNMP 报文名称 | 用途 |
| :---: | :---: | :---: |
| 0 | Get-request | 网管工作站发出的轮询请求 |
| 1 | Get-next-request | 网管工作站发出的轮询请求 |
| 2 | Get-response | SNMP 代理程序向网管工作站传送的配置参数和运行参数 |
| 3 | Set request | 网管工作站向设备发出的设置命令 |
| 4 | Trap | 设备中的 SNMP 代理程序向网管工作站报告紧急事件 |

网管工作站在轮询时，使用 Get-request 和 Get-next-request 报文请求 SNMP 代理程序报告设备的配置参数和运行参数，SNMP 代理程序使用 Get-response 包向网管工作站传送这些参数。当出现紧急情况时，设备中的 SNMP 代理程序使用 Trap 包向网管工作站报告紧急事件。

图 6-4 为 SNMP 的 5 种通信包。

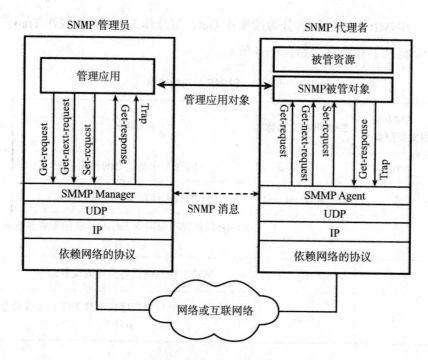

图 6-4　SNMP 的 5 种通信包

SNMP 协议使用周期性（如每 10 分钟）的轮询以维持对网络的实时监控，同时也使用 Trap 包来报告紧急事件，使 SNMP 协议成为一种有效的网络管理协议。

网络设备中的代理程序为子识别真实的网管工作站，避免伪装的或未授权的数据索取，使用了"共同体"的概念。从真实网管工作站发往代理的报文都必须包含共同体名，它起着口令的作用。只要 SNMP 请求报文的发送方知道口令，该报文就被认为是可信的。不过，这也并不是很安全的方式。所以，很多网络管理员仅仅提供网络监视的功能（Get和 Trap 操作），屏蔽掉了网络控制功能（Set 操作）。

### 6.3.7　网络病毒及其防范

计算机病毒是由生物医学上的"病毒"概念引申出来的。计算机病毒与医学上的"病毒"不同，它不是天然存在的，是某些人利用计算机软、硬件所固有的脆弱性，编制具有特殊功能的程序。

一般来说，凡是能够引起计算机故障，破坏计算机数据的程序统称为计算机病毒。计算机病毒本身已是令人头痛的问题。但随着 Internet 开拓性的发展，网络病毒出现了，网络病毒是在网络上传播的病毒，常常给网络带来灾难性后果。

1. 网络病毒的特点

（1）网络病毒的传播方式。

①邮件附件的传播方式。病毒经常会附在邮件的附件里，然后起一个吸引人的名字，诱惑人们去打开附件，一旦人们执行之后，机器就会染上附件中所附的病毒。

② Email 的传播方式。有些蠕虫病毒会利用系统的安全漏洞将自身藏在邮件中，并向其他用户发送一个病毒副本来进行传播。该漏洞存在于 IE 浏览器之中，但是可以通过发送 Email 的方式来利用。有时都不需要您打开邮件附件，只需简单地打开邮件就会使机器感染上病毒。

③ Web 服务器的传播方式。有些网络病毒攻击 IIS 等 Web 服务器。如"尼姆达病毒"，它主要就是通过两种手段来进行攻击：第一，它检查计算机是否已经被红色代码 II 病毒所破坏，因为红色代码 II 病毒会创建一个"后门"，任何恶意用户都可以利用这个"后门"获得对系统的控制权。如果"尼姆达病毒"病毒发现了这样的计算机，它会简单地使用红色代码 II 病毒留下的后门来感染计算机。第二，病毒会试图利用"Web Server Folder Traversal"漏洞来感染计算机。如果它成功地找到了这个漏洞，病毒会使用它来感染系统。

④文件共享的传播方式。病毒传播的最后一种手段是通过文件共享来进行传播。Windows 系统可以被配置成允许其他用户读写系统中的文件。允许所有人访问您的文件会导致很糟糕的安全性，而且默认情况

下，Windows 系统仅仅允许授权用户访问系统中的文件。然而，如果病毒发现系统被配置为其他用户可以在系统中创建文件，它会在其中添加文件来传播病毒。

（2）网络病毒的传播特点。

①感染速度快。在单机环境下，病毒只能通过软盘从一台计算机带到另一台，而在网络中则可以通过网络通信机制迅速扩散。根据测定，针对一台典型的 PC 网络在正常使用情况，只要有一台工作站有病毒，就可在几十分钟内将网上的数百台计算机全部感染。

②扩散面广。由于病毒在网络中扩散非常快，扩散范围很大，不但能迅速传染局域网内所有计算机，还能通过远程工作站将病毒在一瞬间传播到千里之外。

③传播的形式复杂多样。计算机病毒在网络上一般是通过"工作站—服务器—工作站"的途径进行传播的，但传播的形式复杂多样。

④难以彻底清除。单机上的计算机病毒有时可通过删除带毒文件或低级格式化硬盘等措施将病毒彻底清除，而网络中只要有一台工作站未能消毒干净就可使整个网络重新被病毒感染，甚至刚刚完成清除工作的一台工作站就有可能被网上另一台带毒工作站所感染。因此，仅对工作站进行病毒杀除，并不能解决病毒对网络的危害。

⑤破坏性大。网络上病毒将直接影响网络的工作，轻则降低速度，影响工作效率，重则使网络崩溃，破坏服务器信息，使多年工作毁于一旦。

2. 网络病毒的分类

网络病毒从类型上分主要有木马病毒和蠕虫病毒。

木马病毒实际上是一种后门程序，他常常潜伏在操作系统中监视用户的各种操作，窃取用户 QQ 游戏和网上银行的账号和密码。

蠕虫病毒是一种更先进的病毒，他可以通过多种方式进行传播，甚至是利用操作系统和应用程序的漏洞主动进行攻击，每种蠕虫都包含一个扫描功能模块负责探测存在漏洞的主机，在网络中扫描到存在该漏洞的计算机后就马上传播出去。这点也使得蠕虫病毒危害性非常大，可以说网络中一台计算机感染了蠕虫病毒可以在一分钟内将网络中所有存在该漏洞的计算机进行感染。由于蠕虫发送大量传播数据包，所以被蠕虫感染了的网络速度非常缓慢，被蠕虫感染了的计算机也会因为 CPU 和内存占用过高而接近死机状态。

网络病毒从传播途径上分主要有：邮件型病毒和漏洞性病毒。邮件型病毒是通过电子邮件进行传播的，病毒将自身隐藏在邮件的附件中并伪造虚假信息欺骗用户打开该附件从而感染病毒，当然有的邮件性病毒利用的是浏览器的漏洞来实现。这时用户即使没有打开邮件中的病毒附件而仅仅浏览了邮件内容，由于浏览器存在漏洞也会让病毒乘虚而入。

漏洞型病毒则更加可怕，大家都知道目前应用最广泛的是 Windows 操作系统，而 Windows 系统漏洞非常多，每隔一段时间微软都会发布安全补丁弥补漏洞。因此即使你没有运行非法软件没有打开邮件浏览只要你连接到网络中，漏洞型病毒就会利用操作系统的漏洞进入你的计算机，冲击波和震荡波病毒就是漏洞型病毒的一种，他们造成全世界网络计算机的瘫痪，造成了巨大的经济损失。

3. 单机网络病毒的防范

尽管现代流行的操作系统平台具备了某些抵御计算机病毒的功能特性，但还是未能摆脱计算机病毒的威胁。单机环境下（一般是指个人）计算机病毒，也已是一个严重问题。因为现代个人电脑大部分都离不开网络，或都使用了携带病毒的工具软件，所以单机电脑病毒的感染率也是非常高的。

单机环境下的网络病毒防范技术主要有如下几点。

（1）不要打开不明来源的邮件。对于邮件附件尽可能小心，安装一套杀毒软件，在你打开邮件之前对附件进行预扫描。因为有的病毒邮件恶毒之极，只要你将鼠标移至邮件上，哪怕并不打开附件，它也会自动执行。更不要打开陌生人来信中的附件文件，当你收到陌生人寄来的一些特别的邮件时，千万不要不假思索地贸然打开它，尤其对于一些".exe"之类的可执行程序文件，更要慎之又慎。

（2）注意文件扩展名。因为 Windows 允许用户在文件命名时使用多个扩展名，而许多电子邮件程序只显示第一个扩展名，有时会造成一些假象。所以我们可以在"文件夹选项"中，设置显示文件名的扩展名，这样一些有害文件，如 VBS 文件就会原形毕露。注意千万别打开扩展名为 VBS、SHS 和 PIF 的邮件附件，因为一般情况下，这些扩展名的文件几乎不会在正常附件中使用，但它们经常被病毒和蠕虫使用。

（3）不要轻易运行陌生的程序。对于一般人寄来的程序，都不要运行，就算是比较熟悉、了解的朋友们寄来的信件，如果其信中夹带了程序附件，但是他却没有在信中提及或是说明，也不要轻易运行。因为有些病毒是偷偷地附着上去的——也许他的电脑已经染毒，可他自己却不知道。比如"happy 99"就是这样的病毒，它会自我复制，跟着邮件走。当你收到邮件广告或者别人主动提供的电子邮件时，尽量也不要打开附件以及它提供的链接。

（4）不要盲目转发信件。收到自认为有趣的邮件时，不要盲目转发，因为这样会帮助病毒的传播；给别人发送程序文件甚至包括电子贺卡时，一定要先在自己的电脑中试试，确认没有问题后再发，以免好心办了坏事。另外，应该切忌盲目转发：有的朋友当收到某些自认为有趣的邮件时，还来不及细看就打开通讯簿给自己的每一位朋友都转发一份，这极有可能使病毒的制造者恶行得逞，而你的朋友对你发来的信无疑是不会产生怀疑的，结果你无意中成为病毒传播者。

（5）定期下载安全更新补丁。现在很多网络病毒都是利用了微软的

IE 和 Outlook 的漏洞进行传播的，因此大家需要特别注意微软网站提供的补丁，很多网络病毒可以通过下载和安装补丁文件或安装升级版本来消除阻止它们。同时，及时给系统打补丁也是一个良好的习惯，可以让你的电脑系统时时保持最新最安全。

（6）备份电脑重要数据。要养成定期备份电脑重要数据的习惯，这样即使重要的数据被网络病毒破坏了，还会有其他的备份。

（7）共享权限要注意。一般情况下不要将磁盘上的目录设为共享，如果确有必要，请将权限设置为只读，读操作须指定口令，也不要用共享的软盘安装软件，或者是复制共享的软盘，这是导致病毒从一台机器传播到另一台机器的方式。

（8）不要随便接受文件。尽量不要从在线聊天系统的陌生人那里接受文件，比如从 QQ 或 MSN 中传来的东西。有些人通过在 QQ 聊天中取得对你的信任之后，给你发一些附有病毒的文件，所以对附件中的文件不要打开，先保存在特定目录中，然后用杀毒软件进行检查，确认无病毒后再打开。

（9）要从正规网站下载软件。不要从任何不可靠的渠道下载任何软件，因为通常无法判断什么是不可靠的渠道，所以比较保险的办法是对安全下载的软件在安装前先做病毒扫描。

## 6.4　网络安全扫描技术

网络安全扫描，是对网络中可能存在的已知安全漏洞进行逐项检测，以便检测出工作站、服务器、交换机、数据库等各种对象的安全漏洞。

为什么会存在安全漏洞呢？从技术角度而言，安全漏洞的来源主要有以下几个方面。

（1）软件或协议设计时的瑕疵。协议定义了网络上计算机会话和通信的规则，如果在协议设计时存在瑕疵，或者设计时并没有考虑安全方面的需求。那么无论实现该协议的方法多么完美，它都存在漏洞。网络文件系统便是一个例子。NFS 提供的功能是在网络上共享文件，这个协议本身不包括认证机制，也就是说无法确定登录到服务器的用户确实是某一个用户，所以 NFS 经常成为攻击者的目标。另外，在软件设计之初，通常不会存在不安全的因素。然而当各种组件不断添加进来的时候，软件可能就不会像当初期望的那样工作，从而可能引入不可知的漏洞。

（2）软件或协议实现中的弱点。即使协议设计得很完美，实现协议的方式仍然可能引入漏洞。例如，和 E-mail 有关的某个协议的某种实现方式能够让攻击者通过与受害主机的邮件端口建立连接，达到欺骗受害主机执行意想不到任务的目的。如果入侵者在 "To：" 字段填写的不是正确的 E-mail 地址，而是一段特殊的数据，受害主机就有可能把用户和密码信息送给入侵者，或者使入侵者具有访问受保护文件和执行服务器上程序的权限。这样的漏洞使攻击者不需要访问主机的凭证就能够从远端攻击服务器。

（3）软件本身的瑕疵。这类漏洞又可以分为很多子类。例如，没有进行数据内容和大小检查，没有进行成功 / 失败检查，不能正常处理资源耗尽的情况，对运行环境没有做完整检查，不正确地使用系统调用，或者重用某个组件时没有考虑到它的应用条件。攻击者通过渗透这些漏洞，即使不具有特权账号，也可能获得额外的、未授权的访问。

（4）系统和网络的错误配置。这一类的漏洞并不是由协议或软件本身的问题造成的，而是由服务和软件的不正确部署和配置造成的。通常这些软件安装时都会有一个默认配置，如果管理员不更改这些配置，服务器仍然能够提供正常的服务，但是入侵者就能够利用这些配置对服务器造成威胁。例如，SQL Server 的默认安装就具有用户名为 sa、密码为空的管理员账号，这确实是一件十分危险的事情。另外，对 FTP 服务器的匿名账号也同样应该注意权限的管理。

计算机系统的漏洞本身不会对系统造成损坏。漏洞的存在，只是为者侵入系统提供了可能。Internet 上已经有许多关于各种漏洞的描述和与此相关的数据库。例如，通用漏洞和曝光（CVE）、BugTraq 漏洞数据库、ICAT 漏洞数据库是比较权威的漏洞信息资源。

因此，安全扫描技术在保障网络安全方面起到越来越重要的作用。系统管理员利用安全扫描技术，借助安全扫描器，就可以发现网络和主机中可能会被黑客利用的薄弱点，从而想方设法对这些薄弱点进行修复以加强网络和主机的安全性。同时，黑客也可以利用安全扫描技术，目的是探查网络和主机系统的入侵点。

扫描技术的发展是随着网络的普及和黑客手段的逐步发展而发展起来的。早在 20 世纪 80 年代，出现了第一个扫描器——War Dialer，它采用几种已知的扫描技术实现了自动扫描，并且以统一的格式记录下扫描的结果。War Dialer 的出现将管理员和黑客从烦琐且易出错的手工操作中解放出来。

随着网络规模的逐渐扩大和计算机系统的日益复杂化，更多的系统漏洞和应用程序漏洞也不可避免地伴随而来，这促使了安全扫描技术的进一步发展。

1992 年，Chris Klaus 编写了一个扫描工具 ISS，它是在因特网上进行安全评估扫描最早的工具之一。1995 年 4 月，Dan Farmer 和 Wietse Venema 编写的 SATAN 是一个更加成熟的扫描引擎。在它们的带动下，各种安全扫描器层出不穷，其中 Nmap 就是其中的佼佼者之一。这些安全扫描器所采用的扫描技术越来越多，逐渐具有了综合性、有效性、隐蔽性等特点。

常见的网络安全扫描技术有端口扫描技术、系统扫描技术、漏洞扫描技术。

### 6.4.1　端口扫描技术

在网络技术中，端口（Port）有两种意思：一是物理意义上的端口，如 ADSL、Modem、集线器、交换机、路由器以及用于连接其他网络设备的接口，如 RJ-45 端口、SC 端口等；二是逻辑意义上的端口，一般指 TCP/IP 协议中的端口，端口号的范围从 0 到 65535。例如，用于浏览网页服务的 80 端口，用于 FTP 服务的 21 端口等。

### 6.4.2　系统扫描技术

通过端口扫描，能够初步确定系统提供的服务和存在的后门，但这种确定是选取默认值，即认定某一端口提供某种服务。例如，80 端口便被认定为提供 HTTP 服务，但这种认定并不准确。另外，为了解目标的漏洞和进一步的探测，需对目标的操作系统、提供各项服务所使用的软件、用户、系统配置信息等进行扫描，这就是系统扫描。

### 6.4.3　漏洞扫描技术

在系统提供的多项服务中，有些服务由于设计上的缺陷或人为配置以及使用上的不当操作从而产生漏洞。各大网络安全公司、部门机构会每天公布一些漏洞和相应的检测方法，漏洞扫描主要以这些公布的漏洞为依据。在所公布的漏洞中，应用最普遍的 www 服务的漏洞最多。

# 第 7 章　计算机网络技术应用案例

## 7.1　校园宿舍分布式多级无线网络设计与实现

### 7.1.1　无线局域网络关键技术分析

1. 无线局域网拓扑结构

在无线局域网中，网络单元主要分为站点和接入点等其中站点是最基本的网络单元，可以看成网络中需要进行通信的设备；接入点则可以看成是一种能够提供汇聚和接入功能的站点，与分布式系统相连。根据不同的应用场景和需求，AP 和 STA 可以组成不同结构的网络。

无线局域网的网络拓扑结构基本相同，可归结为两个基本类——无中心拓扑和有中心拓扑。按照 AP 的功用进行划分，无线局域网的组网模式可以分为以下六种。

一是点对点模式，即自组网拓扑，如图 7-1 所示。该模式作为独立使用网络，是一种具有对等结构的无线网络，以自发方式构成单区网络，不需要 AP 转接，也无法接入有线网络，仅由多个具有相同地位的 STA 组成，能够实现一台无线工作站和另一台或多台无线工作站间的直接通信，其网络安全由客户端自行维护。

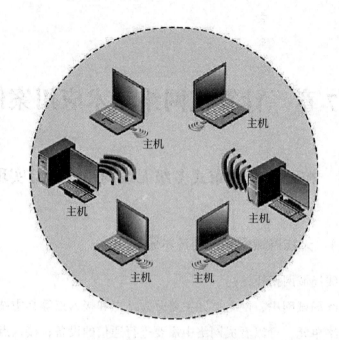

图 7-1  点对点模式

　　二是基础架构模式，如图 7-2 所示。基础架构拓扑一般由无线接入点（AP）、无线工作站（STA）以及分布式系统（DS）组成，该模式是最常见无线网络的部署方式，其覆盖的区域称为基本服务区，是一种集中式网络。网络中，AP 作为中心结点，为每个无线工作站转接通信，无线客户端同样通过 AP 接入网络。网络内的通信数据经由 AP 和与之相连的分布式系统（如有线局域网）转发，能够实现与有线网络的互联互通。最简单的基础结构可以只包括一个 AP，而一个 AP 的覆盖范围半径能够达上百米，因此它能供几十到几百用户使用无线网络。

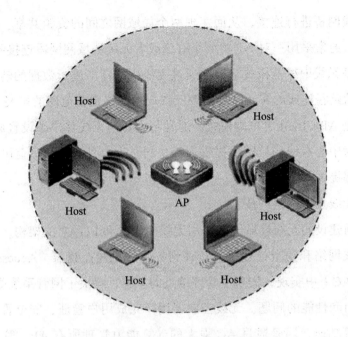

**图 7-2　基础架构模式**

　　三是多 AP 模式，有时也称为"多蜂窝结构"，由多个中心构成。该模式是指由多个接入点和连接它们的分布式系统组成的基础架构模式网络。每个 AP 都是一个独立的无线网络基本服务集（BSS），通常一个基本服务集可以看作是一个中心，多个基本服务集组成一个扩展服务集，这就构成了多个中心。在扩展服务集中，可以设置一个扩展服务区标示符，它可以供该区域内的所有 AP 使用，这样用户可以在拥有相同 ESSID 的无线网络间进行漫游，由一个地点移动到另一个地点，而网络不会中断。通常，每个中心覆盖区域之间会设置有 15% 的重叠范围，便于无线工作站在不同的"蜂窝"之间完成无缝漫游。同时，不同 ESSID 的无线网络间能够形成逻辑子网，因此，多 AP 模式的基础架构能够实现大规模的无线网络覆盖，甚至是实现整个城市区域无线网络的覆盖。

　　四是无线网桥模式。是将两个有线或者无线局域网网段，通过使用一对无线网桥进行连接，从而实现两个局域网之间的资源共享。在实际操作中，通常采用一对 AP 将两个有线或者无线局域网网段连接起来。

五是无线中继器模式。通常通过无线中继器来进行数据的转发，将不同通信路径连接起来，从而实现无线局域网络覆盖范围的扩展。

六是 AP Client 客户端模式。通常将中心的无线客户端设置成为 AP 模式，为中心有线局域网络提供连接，同时为自身的无线覆盖区域内的无线终端提供接入服务。

2. 无线局域网组网技术

目前建设的无线局域网多采用无线交换机和 FITAP 的架构，将密集型的无线网络和安全处理功能转移到集中的无线控制器（Access Controller，AC）中实现，实现了管理结点的上移，解决了网管系统受到 AP 处理能力和性能的问题。无线控制器用于完成用户验证、安全管理、移动管理等功能，网管通过 AC 强大的计算能力管理所有 AP，管理数据采集也将针对 AC 而非 AP，使得更复杂的管理逻辑成为可能，极大地提升了无线局域网的网络性能、网络管理和安全管理能力。

在实际应用中，无线局域网可以作为基础接入网而实现组网以接入到 IP 网络中，由 IP 网络中的认证服务器和动态 IP 分配服务器负责网络的安全认证。组网时，STA 与 AP 相连，AP 经由无线接入控制器（AC）和宽带远程接入服务器接入到 IP 网络，根据无线接入控制器位置的不同，无线网络组网方式也分为多种。

一是按 AC 与 AP 组网方式区分。依据 AC 与 AP 之间组网时，两者所处的位置，可以分为二层组网和三层组网。当 AC 与 AP 之间有路由器相连时，成为三层组网；而当 AC 与 AP 之间只有交换机或者直接相连时，称为二层组网。

二是按数据转发方式区分。依据 STA 的数据转发方式区分可以分为集中转发和直接转发。当 STA 数据经由 AC 转发接入 IP 网络成为集中转发，而 STA 数据直接接入 IP 网络称为直接转发。

三是按照 AC 与接入服务器 BRAS 部署关系区分。由于在无线网络部署中，BRAS 在某些场景中，常常用来作为无线网络接入控制服务器，而 AC 仅用于 AP 管理。那么根据 AC 与 BRAS 服务器之间的部署关系，AC 可以分为旁挂模式和直连模式。当 AC 位于 BRAS 和路由或交换机之间，称为直连模式，而如果 AC 旁挂在 BRAS 和路由或交换机外面，则称为旁挂模式。运营商网络中常见的组网方式有直连模式 + 二层组网（直接转发 / 集中转发）、直连模式 + 三层组网（集中转发）、旁挂模式 + 十二层组网（直接转发）、旁挂模式 + 二层组网（集中转发）、旁挂模式 + 三层组网（集中转发）。

3. 无线局域网的优势

随着信息技术的发展、海量信息的涌入，人们往往希望手上的终端能够在网络环境中自由移动和漫游，满足自身对于随时随地的进行数据、语音、图像、视频等内容即时通信交换的要求。网络通信技术因着用户需求的不断提高而接续发展，与有线网络相比，无线局域网不需要有线媒介，可以直接利用电磁波在空气中传输数据，优势明显。

一是安装维护简便。在有线网络建设中，经常需要打洞架管，网络布线施工工期长、影响大，如果出现由于物理故障导致的网络中断，很难找到线路损坏的部位，维修起来必然伤筋动骨。而无线局域网的建设可以最大限度解决此类问题，能够大大降低铺设管道和布线等烦琐工作的强度，仅仅通过安装一个或多个接入点 AP 设备，完成整个建筑或区域的网络覆盖建设，并且当无线网络出现物理故障时，维修人员通常能够迅速找到损坏的部件进行更换，调试网络恢复连接。

二是用户使用便捷。在有线网络时代，想要上网通常需要考虑如何规划网络线路、如何安装上网设备，上网地点被限制在固定的区域内，每台上网设备都连接着长长的网线。而在无线网络时代，用户手持智能上网设备就可以在无线信号覆盖范围内的任意区域接入网络，能够随意移动、随心所欲，使用极为方便。

三是扩展经济节约。有线网络由于改造成本高，所以从设计之初就需要规划人员充分地考虑未来升级改造的需求，容易出现资源浪费的情况，而当技术发展突飞猛进超越了当初设想的规划方案，所需的网络改造成本又会非常之多。无线局域网则拥有易扩展的特性，可提供多种配置，根据实际需求灵活选择，避免或减少上述问题的发生，能够更好地利用现有资源，将只有几个用户的小网络顺利扩展成一个涵盖成千上万用户的大网络，并提供漫游等功能。同时，由于无线网络能够直接通过百兆自适应网口和互联网相连，从体系结构上省去了协议转换器等相关设备，降低了改造成本。

除此之外，无线局域网在抗干扰性和安全性等方面也有出色的表现，因此在社会生活中迅速普及，已广泛应用于学校、医院、商场、企业、机场等公共领域。

总的来说，无线局域网在不能使用传统布线或者是使用传统布线困难很大的地方，以及局域网用户在一定范围内需要移动通信的环境中具有非常重要的现实需求。

## 7.1.2　无线局域网技术在校园网中的应用分析

为实现学校高效地培养知识时代所需的高素质、创新型人才目标服务，智慧校园应运而生。智慧校园是适应信息通信时代的发展的产物，正是无线局域网的广泛应用使得智慧校园的发展更为迅速，校园覆盖无线网络已经是难以阻挡的趋势。

校园环境中的无线应用包括教学、科研、管理、生活等方方面面，应用场景多样、应用用户密集、应用时间扎堆，尤其是学校宿舍作为在校师生主要休息活动的场所，对无线网络的建设提出了更高的要求。为了满足校园内用户的不同需求，在校园内的各个场景中覆盖具有良好用户体验的无线局域网络成为必然，校园网建设的最终目标一般具有以下特征。

一是实现网络的无缝互通。通过网络与通信设备的部署，配置全面的无线局域网络，实现用户间数据信息的迅速转发与实时传递，支持用户使用的硬件设备和软件系统的有效连接，满足用户全新的学习及生活方式。

二是达到环境的全面感知。在校园内能够随时随地地感知和传递有关人、设备、资源的信息，提供更多的优质服务。

三是提供安全的学习环境。安全性始终是校园网建设中的关键之处，只有拥有高度可靠性的校园网络才能使为学生提供更好的资源、学习环境。

四是满足师生的个性服务。能够提供基于不同角色的个性化定制服务，根据教学方式的改变和未来技术的发展，扩展更多的业务。

1. 校园网接入设计分析

校园网建设方案一般以网络架构为基础，具有可靠和可控的校园核心网和接入网，通过部署支持 802.11 协议的无线接入点，建设覆盖全校的无线局域网。建设校园无线局域网的主要设备配置包括核心路由器、汇聚交换机、POE 交换机和无线接入点 AP，一般通过在校园内部署多台核心路由器，将以前的由接入层、汇聚层、核心层组成的三层校园网络结构简化为两层结构——核心网络层和宽带接入层。这种扁平化的网络架构设计物理上仍是三层，但逻辑上简化为两层结构，能够实现整个体系中用户之间和业务之间的详细划分和有效隔离，明晰网络层次，避免相互干扰。同时能够简化接入层、汇聚层设备的功能，降低维护人员工作负担，节省后期维护成本。

校园网接，入方式设计一般分为新型层次化设计、新型扁平化结构以及有线与无线结合。作为信息化应用的重要基础设施，有线接入与无线接入相结合，实现语音、数据、视频等业务的综合承载，提高学校、教师的教学工作与学生的学习生活体验。有线与无线结合方式利用 Internet 公网隧道加密技术，通过灵活的上网方式，为学校、教师、学生之间的通信、移动办公提供高效便捷的联网服务，实现教育内网、Internet 网无缝对接、安全访问，统一认证，无缝接入，全网漫游。

2. 校园无线网络覆盖规划分析

校园无线网络覆盖规划一般包括射频规划、SSID 和漫游规划、QoS 规划、网络可靠性、安全性规划等内容。

（1）射频规划分析。信道的规划设计，是影响校园无线网络的带宽、性能、扩展以及抗干扰能力的重要因素。如果信道规划设计出现问题，那么校园用户的网络体验必将受到严重影响。因此，无线校园网设计之初，必须对无线网络信道进行统一的规划，从而为校园无线网络的后期建设奠定基础。无线网络信道规划在设计过程中始终遵循蜂窝覆盖和信道间隔两个基本原则，以保障信号的全面覆盖与正常使用。

无线网络系统主要应用频段为 2.4 GHz 和 5 GHz 两个频段。2.4 GHz 频段具体频率范围为 2.4 ～ 2.4835 GHz 的连续频谱，信道编号 1 ～ 14，非重叠信道共有三个，一般选取 1、6、11 这三个非重叠信道。5 GHz 频段分配的频谱并不连续，主要有两段：5.15 ～ 5.35 GHz、5.725 GHz ～ 5.85 GHz。不重叠信道在 5.15 ～ 5.35 GHz 频段有 8 个，分别为 36、40、44、48、52、56、60、64；在 5.725 GHz ～ 5.85 GHz 频段有 4 个，分别为 149、153、157、161。在信道规划过程中一般选取相应的非重叠信道。

校园无线网络系统在设计过程中，可根据网络的覆盖密度和干扰情况来选择 2.4 GHz/5 GHz 单频或双频覆盖。AP 交替使用 2.4 GHz 的 1、6、11 信道及 5.0 G 的 36、40、44 信道，来解决网络信号相互干扰的问题。在校园内的广场、空地等一般区域，通常单独使用 2.4 GHz 或 5 GHz 的频段，而在用户密度较高，如教室内部、会议室等公共场所，则启用双频进行覆盖，为校园用户提供更为稳定流畅的接入体验。

在一般情况下，室内接入点 AP 的覆盖范围为 60 m。但在校园实际应用场景中，无线信号常常需要穿越墙体等障碍物，所以在进行无线信道规划时，一般建议规划的覆盖半径为 20 m 左右。无论何种环境，精细地覆盖规划都是无线网络建设的重要基础，有些项目的无线网络规划设计仅仅按照以往的经验进行设计，未能实地探查现网环境需求，规划准确率低，设计出来的方案往往效率低下，缺乏依据，无线网络的优越性能无法在实际应用中得到充分发挥，同时给无线网络的后期维护和优化造成许多不必要的困扰。

（2）SSID 规划分析。在实际应用中，一个接入点 AP 通常可以配置多个 SSID，而无线网络中的 SSID 承担起以太网中业务 VLAN 区分不同业务类型或用户群体的功能，从而满足对不同用户群体的管理需要。通过配置多个 SSID，无线接入控制器能够针对不同的 SSID 下发不同的策略，SSID 再根据相关策略进行终端与业务的有效管理。可以在接入点 AP 上设置 3 个 SSID，其中 SSID1 用于学生，SSID2 用于访客，而 SSID3 用于教师，针对校园内无线网络的三种不同用户群体，按照不同管理要求划分不同的 SSID。SSID 规划如图 7-3 所示。

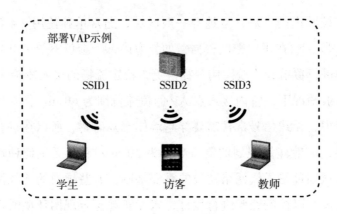

图 7-3　SSID 规划

（3）漫游规划分析。无线局域网带来的一个好处就是能够让用户从一个无线区域移动到另一个无线区域，而不需要修改网络服务配置，这就是所说的漫游。校园无线网络中的漫游就是指校园内的师生用户所使用的的终端能够在无线网络覆盖的校园场所中随意移动，无需反复登录和认证，而是直接从一个接入点 AP 的覆盖范围移动到另一个接入点 AP 的覆盖范围。实现无线网络漫游的一个前提条件是，无线设备有能力判断大范围内任意接入点 AP 的无线信号质量，如果发现某个接入点具有更强或更清晰的信号，设备就可以切换到该接入点进行通信。需要注意的是，在漫游过程中 SSID 必须保持一致，并使用同样的安全设置。现无线网络漫游的一个前提条件是，无线设备有能力判断大范围内任意接入点 AP 的无线信号质量，如果发现某个接入点具有更强或更清晰的信号，设备就可以切换到该接入点进行通信。需要注意的是，在漫游过程中 SSID 必须保持一致，并使用同样的安全设置。

（4）QoS 规划分析

无线网络服务质量能够满足实际应用中不同质量的无线接入服务之间的互通。在校园无线网络中，通常采用无线空口实现 WMM 调度，有线侧进行 IP/VLAN/ 隧道的优先级映射，并采用由校园网做 DiffServ 调度的方式，以保证在发生拥塞时能够最大程度优化网络的核心业务和 VIP 用户服务质量。

一般在校园无线网的 QoS 部署中，首先需要从业务的角度实现端到端的 QoS 保障，此后还要能够对用户或者单 AP 的带宽进行管理，比如当接入点的流量变得拥塞时，可以让教师的通信优先级高于学生或访客所属的 SSID，包括要求校园外的访客用户的带宽不超过 300 kbps，以及限制某个接入点 AP 上访客 SSD 的总流量为 20 Mbps 等。并且，一般当报文在无线网络中传输时既需要经过有线网络，也需要经过无线网络时，QoS 的设计规划就需要同时能够保障端到端的性能。

（5）宽带管理分析。在校园网的实际管理中，运维人员常常需要无线网络在部署方案时，就能够提供基于用户、接入点 AP 或某一 SSID 的带宽管理方式。

基于用户的带宽管理包含两种方式，一是基于某个特定用户的带宽管理方式，二是基于用户组（角色）的带宽管理方式。基于用户组的带宽管理方式需要 Radius 服务器参与，在认证后 Radius 下发用户带宽或者用户组给无线控制管理器，无线控制管理器通知接入点 AP 实现相应的带宽控制。

基于 SD 的带宽管理，一般使用场景是为来自校园外的临时访客提供上网服务时，为保障校园内部师生用户的带宽和业务体验，而对来访访客 SSID 的容量做出相应限制。图中校园无线网络对来访访客限制了 20 M 的访问带宽。

3. 校园无线网络覆盖技术

校园内无线网络的覆盖根据具体的场景和业务需求，有很大的不同，覆盖方案需要根据差异性选择相应的无线网络设备进行分别部署，从而使用户的使用体验达到最佳。目前校园无线网络覆盖的方式主要有三种，即放装式安装覆盖方式、室内分布式安装覆盖方式和智分无线覆盖技术。

（1）放装式安装覆盖方式。放装式安装覆盖方式通过部署大量的AP来满足校园内无线覆盖的需求，适用于无线信号覆盖效果较佳的场所，如空旷的校园操场、无遮挡的室外环境等。放装式安装是最为传统的部署模式，在空旷地带覆盖效果好，但是在密集模式环境下，信号覆盖效果差，其缺点在于一是应用场景受到实际限制，二是客户体验感差，由于容易出现大量客户集中访问一台AP，以及同频干扰、信号强度弱等诸多问题，实际带宽无法得到有效利用。

（2）室内分布式安装覆盖方式。室内分布式安装覆盖方式采用大功率AP，通过功率放大器、功分器、耦合器将无线信号经过多级处理后发射出去，该方式是目前校园内无线覆盖采用较多的一种模式，能够获得不错的无线覆盖效果。缺点在于一是耗资较高，如所需的室分馈线每米均价在百元左右；二是安装复杂，分布式安装需要配置大量的功分器、耦合器和馈线；三是观感差，缺少美化天线，影响用户的使用感知满意度；四是性能低，由于安装的馈线通常较长，容易导致信号衰减严重、传输速率低。

（3）智分无线覆盖技术。在复杂环境中，传统的楼道放装式无线部署信号穿透常常受到墙壁的影响。常见的如采用钢筋混凝土加固墙壁的学校宿舍、酒店客房或者是医院病房等房间密集的建筑中，无线信号在进入房间内已经损耗非常严重。尤其是在学校宿舍内，很多宿舍将卫生间设置在进门处，因此放置在走廊中的AP发射出的无线信号在宿舍房间内各处的实测的信号强度一般情况下都远小于 −60 dBm，因为无线信号到达宿舍内部需要经过多层墙壁的衰减，所以会造成宿舍内用户的无线使用体验很差的问题。

智分方案便是解决复杂环境中无线信号传递难题的有效方式，该方案是一种以智分 AP、超柔低损馈线、美化天线为主体的无线网络解决方案。与传统室分部署相比，智分方案中省去了 3 个功分器、3 个视合器和 3 条跳线，在方案的设计、实施和维护难度等方面都有大幅度改善。采用该系统后，无线信号能够结合智分型 AP 的天线智能模式进行相应调整，在智分型 AP 与无线控制器之间建立连接，这样无线信号就不再需要穿透宿舍的混凝土墙壁进行信号的覆盖，而是充分利用智分型 AP 的多天线物理架构，为多个房间进行无线信号的有效覆盖，能够满足环境复杂的类宿舍网环境中高性能的无线网络需求，在房间内的任何地点都能够使用智能终端。目前，锐捷、H3C、华为等公司已先后推出了智分型 AP。

在复杂环境中，为了保证智分型 AP 每根天线都能够独立进行数据的收发，可以自动调整智分型 AP 天线的工作模式，来实现"1 分 X"部署，一般智分无线覆盖方案有以下三种部署方式。

第一种方式是"1 分 4"双频双流部署模式。该种模式下的无线网络具有较好的性能，适用于对网络性能和带宽要求较高的环境，且只有无线的网络接入方式。在布置中采用双轨馈线、MMO 美化天线进行"1分 4"部署，完成后每个房间均有 300 Mbps 的 2.4 GHz 和 5.8 GHz 的信号，能够充分发挥出高性能终端网卡的功效，使室内所有用户的所有业务应用都能够获得优质的无线网络体验。

第二种方式是"1 分 8"双频单流部署模式。该种模式兼容覆盖，适用于对覆盖范围内房间数量要求高的环境，且环境中用户的终端类型多样。在布置中，该方式采用单轨馈线、SISO 型美化天线进行"1 分 8"部署，每个房间均有 150 Mbps 的 2.4 GHz 和 5.8 GHz 信号，能够满足 8 个房间同时共享智分 AP 整机的 300 Mbps 的性能。

第三种方式是"1 分 8"单频单流部署模式。该种方式同样强调兼容覆盖，也同样适用于对覆盖范围内房间数量要求高的环境，单环境中用户的终端类型必须均为 2.4 GHz。在实际布置中，该方式采用单轨馈线、SISO 型美化天线进行"1 分 8"部署，每个房间均为 150 Mbps 的 2.4 GHz 信号，同样能够满足 8 个房间同时共享智分 AP 整机的 300 Mbps 的性能。

### 7.1.3　学院宿舍无线网络组网方案设计

随着现代通信、计算机技术和互联网的迅速发展，校园用户的需求越来越多样化，远程教育、在线辅导、高速上网、多媒体娱乐等业务需求不断增加。目前，全国大部分高职院校已经配置有较为完善的有线校园网络，而伴随着无线网络技术的日趋成熟，院校对于校园无线网络建设的需求也越来越迫切。为了获得良好的用户体验，满足学校最终期望结构，在实际部署中，需要仔细调查斟酌，结合学校的现实条件、实际需求，选择最为合适的方案，帮助学校立足当下、降低成本。

1.江苏食品药品职业技术学院无线网络组网方案设计概述

江苏食品药品职业技术学院于 2014 年 7 月对办公区及教学区进行了无线覆盖，宿舍区域由于历史遗留问题，无线覆盖放置于二期建设。

此次宿舍无线网建设应考虑与一期设备的兼容性、管理性等方面，还要做到资源保护，充分利用原有的设备资源，在无线部署模式选择上，采用业界领先的多级分布式部署模式，宿舍无线建设需与校园无线网融合为一体，统一管理，与学校原有的有线网络实现有线和无线网络相互独立冗余功能。无线校园网采用无线控制器 AC+瘦 AP 的架构部署，通过 AC 管理整个校园网的无线 AP。这样的布置能够完全保障无线网络的整体管理能力和安全防御能力，让整个校园的无线网络的组网管理起来更为轻松便捷。

2.宿舍区（"智分 +"）无线设计

学校内宿舍区域的无线信号穿透容易受到多种因素的影响，如密集的房间布置、较厚的墙体等。并且，由于宿舍区是在校师生的日常生活区域，无线网络将承载师生的所有网络应用需求，同时在线的人数多、应用多，尤其是高清视频、高速下载、大型网络游戏等大流量的网络应用常常一齐使用，所以对于无线网络的要求较高。

在学校宿舍区这样特殊的环境中，无线网络的建设有两个重点问题需要特别关注。一是校园无线网络信号的覆盖范围如何才能够满足所有宿舍所有角落的使用需求？二是面对宿舍环境中高并发用户的场景，如何才能够保证网络的带宽不受用户数量等因素的影响，为大家提供畅通无阻、稳定安全的无线网络呢？

传统的放装式部署中，接入点 AP 放置太密集，容易造成同频干扰严重，用户几乎无法使用网络；而当接入点 AP 放置太分散，又会造成无法全面覆盖所有宿舍房间内的各个角落和带机数量不够等问题。这种传统的部署方式在前几年无线部署时这种问题已经暴露出来，导致宿舍区无线部署完后无法真正使用起来。

为此，江苏食品药品职业技术学院的宿舍无线网络部署方案采用"智分 +"方案，AP "智分 +"方式采用的分布式架构和千兆独享式架构融合了传统的放装式布置和室分式布置两种方案的优点，并加以改进，使用弱电间主机配合微 AP 射频模块、百米以太网线，在每个房间独立广播 MIMO 信号，实现 24 个房间在 2.4 GHz 和 5.8 GHz 双频段下的双流覆盖，特别适合学校宿舍等场景中既要求高性能、全覆盖，又注重隐蔽美观的多样化需求。

"智分 +"AP 主机使用锐捷网络推出的面向复杂应用环境的智分型主机 RG-AM5528。该机器采用分布式架构，由不同模块来完成数据转发和业务管理处理工作，辅以万兆上行接口，能够实现海量数据的瞬间转发，提供强大的无线性能潜力。

在宿舍内部部署的微 AP，提供双路双频双流 300+867M 802.11ac

的射频规格，射频模块采用独立 CPU 进行数据处理和转发，独立射频芯片进行多用户空口调度，能够最大限度地提升主机数据的转发性能和无线射频性能，增强系统的可靠性。除此之外，锐捷网络还提供 MAP552 和 MAP5 52-W 两种不同的产品供用户择优配置：MAP552 型微 AP 形状小巧、样式美观，适合重新布线，吸顶或者壁挂安装的场景，一般在需要大规模部署的新建项目中使用较多。MAP552-W 型微 AP 采用的是面板式设计，可以直接嵌入已有的 86 面板盒中使用，较多应用于原有网络的改造部署中，省去了布线施工的步骤。

江苏食品药品职业技术学院校园内宿舍区全部采用智分＋的部署方案，由于宿舍内原先部署超五类网线，此次无线网建设均采用六类双绞线连接，因此，房间内的微 AP 采用的是 MAP552 产品。

3. 汇聚交换机设计

江苏食品药品职业技术学院宿舍区有近万人的用户规模，原有校园网络方案中采用一台高性能核心交换机作为宿舍区的汇聚高速数据交换，本次方案中可扩展为双机热备方式，运行虚拟化协议将两台设备虚拟成一台设备，这样即使其中一台设备发生故障，也能够迅速恢复运行，保证校园网络核心层的正常运行，为用户网络的正常使用提供的强有力的保障。

汇聚层作为连接接入层和核心层的网络设备，是多台接入层交换机的汇聚点，需要能够承载来自接入层设备的所有通信量处理工作，并提供到核心层的上行链路。由于汇聚层交换机的好坏，直接影响到整个网络信号传输系统的快慢，所以保证交换机实现真正的线速无阻塞极为重要。此次江苏食品药品职业技术学院无线网络建设中的汇聚层采用了融合了高性能、高安全、多业务的新一代三层万兆汇聚交换机，通过万兆口，上联接至两台核心交换机，千兆线路下联接入交换机（含 POE 交换机），汇聚交换机全千兆的端口形态，加上可扩展的高密度万兆端口，提供 1∶1 全线速多层交换，能够有效精简网络的管理，较大提升网络架构的稳定性，对于高带宽、高性能和灵活扩展的大型网络汇聚层特别适用。

在三层校园网络结构中，接入层通常要能够实现数据的高速转发、路由快速汇聚、负载均衡、流量控制和网络管理等功能，负责所有信息结点的接入，因此多是由高性能设备和高速冗余的链路构成。针对江苏食品药品职业技术学院校园网的建设特点和需求，接入层可设计为能够提供特有的 CPU 保护控制机制的网管交换机，实现对发送到 CPU 的数据进行带宽控制，并根据学校特点因地制宜的实施校园网络安全控制策略，充分保障网络设备和安全设备的联动控制，以避免非法者对 CPU 的恶意攻击，阻止非法用户接入和使用网络，将网络病毒和网络攻击有效控制在校园网络之外，确保即使在发生安全事件时也能够保障接入交换机的稳定性。真正实现千兆到桌面，合理化地使用网络资源，同时 POE 交换机能够对 AP 进行 POE 供电，省去需单独配置电源适配器的烦恼。

4.有线无线安全出口设计

无线网络因为使用方便、易于实施和成本优势正被迅速应用在人们的工作场所。但开放的无线网络也带来了安全上的问题，尤其是校园无线网络的安全问题业已成为各级教育信息化主管部门的主要关注点。任何一项新技术的引进和使用都应该评估其相关风险，在校园无线网的使用中，学校面临着较为严峻的安全挑战，包括如学校的门户网站被黑客攻击、服务器被黑客控制；因为学籍信息等资料的电子化而在未知情况下被非法泄露，并被犯罪分子利用；在校用户在网上发表一些不恰当言论；以及由于未能形成完善的网络日志记录，导致安全事件发生后，无法将责任定位到人或单位等问题。

在校园网络中，网络出口是整个校园网络的关键之处，作为宿舍网的边界，宿舍出口区主要承担边界网络的数据转发、流量控制、安全防护、安全审计等功能，因此在校园网络出口的安全设计方面必须重点关注。根据前人归纳，网络出口的问题一般包括基本转发的性能问题、业务无法高效运行以及安全风险难以控制的问题三种。解决方法如下。

（1）安全防护。在校园无线网络设计中，校园宿舍区域出口的安全防护设备部署非常重要，针对江苏食品药品职业技术学院出口网络中所部署的安全防护，主要有以下三个方面。

一是报文过滤，即通过访问控制列表（ACL）实现灵活的各种粒度的报文过滤，包括标准 ACL 和扩展 ACL。

二是状态检测，即基于六元组来识别网络流量，并针对每条网络流量建立从二层至七层的状态信息。基于这些状态信息进行各种丰富的安全控制和更深粒度的报文过滤，包括报头检查、IP 分片支持、特殊应用协议支持等。

三是攻击防御，即基于状态检测可以防御的各种网络攻击包括：IP 畸形包攻击、IP 假冒、TCP 劫持入侵、SYN flood、Smurf、Ping of Death、Teardrop、Land、ping flood、UDP Flood 等。

（2）流量控制。在校园无线网络建设中部署万兆流控设备，对校园网中的各种应用进行识别监测，如网络游戏、在线视频、Email、HTTP等等关键应用都能够被设备标记识别，据此可以对不同时间段内的用户使用偏好进行抓取分析，根据分析可以分时段控制不同用户不同应用的带宽和优先级。

5.统一账号设计

目前学校已有一台城市热点认证设备，本次学院宿舍网无线网络认证可利用原有设备进行认证计费，但考虑到宿舍网用户数繁多，在资金允许情况下，建议采用 1+1 热备的方式进行认证设备部署。

运营方式分为两种：一是学校全额出资自主运营；二是运营商运营

与学校进行收益比例分成，学校拥有管控权及运营商收益知晓权。对于以上两种运营方式均可实现，下面对两种实现方式说明。

（1）学校自主运营模式。学校自主运营模式拓扑图如图 7-4 所示，两台城市热点 2166 BRAS 串接于核心交换机和防火墙之间（学院原有 1 台城市热点 2166 BRAS 设备，再增加 1 台即可），双机热备，两台设备均采用单进单出桥接模式串接部署（双机热备的前提是，本次宿舍网的出口和原有出口在同一机房，如果本次宿舍网出口在宿舍区，那么城市热点设备只能做到单独使用，无法做到双机热备）。

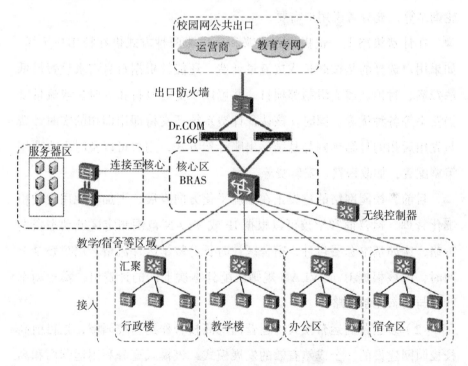

图 7-4　学校自主运营模式拓扑图

在出口线路同一物理位置的前提下，双机热备模式两台 2166 通过管理口进行心跳通信，两台设备为"主备"关系，"备"设备正常情况下不工作，若主设备出现如掉电、管理口不可达、内 / 外网口不可达、设备死机、内核故障等，则"备"设备主动切换为主设备，原"主"设备回复后成为"备"设备，整体自动切换，切换时间为 10 秒之内。

学校自主运营就会涉及计费功能，Dr.COM 高校宽带认证计费系统拥有不同的计费方式供用户选择。在计费方式上，提供按流量、按时长、包月三种不同的计费策略，用户可以按需单独选择某一种方式，也可以组合选择包月与时长或流量共同使用的计费方式。在结算方式上，有三种方式供用户选择，一是按照每月固定日期结算费用，二是根据不同的账期轮询周期天数来进行结算，三是根据不同账期按照自然月方式轮询结算，充分考虑用户需要。

在计费策略上，也提供先出账和后出账两种方式供在校用户选择，如果用户选择的是按时长或按流量计费，还能够根据自身需求设置最低消费额、封顶、透支限制等项目，并可以享受时段折扣、时长或流量跳档费率等各种优惠。同时，该认证计费系统还支持即用即扣的实时计费与先用后扣的日结预判与月结后出账计费方式，用户可以及时更改费用策略配置，如改密费、安装费等。

目前，校园网络的建设正在往扁平化方向发展，更加重视用户的精细化管理。运营商和学校可以根据 IP 或 VLAN 范围制定区域动态资费策略，比如基本套餐包月、宿舍区计时长、教学区计流量。用户登录上网时，内核根据 IP 或 VLAN 规则匹配到本次上网的计费组，实现动态计费与动态控制策略。

（2）多运营商运营模式。运营商与高校合作运营校园网，是目前高校校园网建设的一个成熟有效的发展模式，该模式充分利用运营商和高校各自的优势，满足了高校校园网提升建设水平的需求，同时也帮助运营商实现固移融合的业务发展，实现了多方共赢的良好局面。

运营商的主要需求可以概括为以下四点：一是实现运营商与校园账号的快速绑定；二是尽可能减少接口二次开发，便能与运营商 BOSS 和认证系统对接；三是对账账单报表清晰；四是运营商账号套餐策略能下发校园端实现控制。

学校的主要需求则概括为以下七点：一是多运营商统一认证，由学校统一管理；二是安全可靠，可控可查；三是校园账号能统一认证，学生无须记忆多套账号；四是认证时能方便用户对运营商进行选择；五是满足校园各种场景下的有线无线准入准出认证需求；六是学校认证计费系统尽可能无二次开发即可与各运营商 BOSS/AAA 系统对接绑定；七是根据学生选择的运营商实现智能选路，即通过对应的运营商出口访问互联网。

和学校自主运营模式一样，在出口处部署一台城市热点 2166 BRAS 设备，串接于核心交换机和出口链路之间，实现链路选择、账号转换、运营商对接、日志审计、NAT 转换等功能，出口防火墙利用原有山石防火墙。此时，学生需在校内先认证一次，认证通过后，到运营商 BRAS 系统进行认证，建议采用一次认证方式，提高学生体验，每接入一个运营商需在运营商侧增加一台城市热点 2166 BRAS 设备，三家运营商中，哪家愿意接入学校宿舍网，设备可由运营商自行购买，实现校内宿舍区的城市热点设备与运营商侧设备的数据映射，达到账号统一，学生一次认证即可实现访问运营商网络。

运营商接入需增加的设备：①每个运营商购买一台认证设备，实现学生一次认证，与学校内部认证设备对接实现一次认证；②运营商接入后建议运营商采购一台高性能防火墙作为出口安全防护，宿舍区出口和校园网出口物理分离设计，确保宿舍区高流量时，不影响校园网关键业务的开展，宿舍网出口和办公网出口分别部署防火墙逻辑隔离设计。本文最终在实现中中采用的是多运营商运营模式，实现校内网络使用账号统一，一次认证即可实现访问运营商网络。

6.有线无线一体化网络管理设计

一个好的校园网络，既要能够满足在校用户随时随地、畅通无阻的上网需求，还应当便于校方网络管理人员的监管与维护，能够通过整体的拓扑监视、多视图的监视和分组管理，随时随地全盘掌握全网的设备信息和状态，实现对大规模部署的校园无线网络设备如无线控制器和无线接入点以及原有有线网络设备的一体化集中化控管。在网络管理方面，可以利用学校原有的网络管理软件，增加响应的授权许可，对本部分中增加的有线和无线设备进行统管理。在实施过程中本文着重考虑并配置以下几点。

（1）拓扑管理配置。本次项目中涉及众多无线 AP，需要对校园网络中运行的全部设备进行实时、统一的监控管理，保障校园内新建的无线网络稳定无碍的运行。系统带有的拓扑发现功能能够通过 SNMP、TELNET、ARP 等多种协议方式跨异构发现校园网内的网络设备，并直观地显示出校园内全部网络设备之间的真实连接状态，校园网络管理员通过鼠标点击界面上的设备和链路即可查看具体的详细指标，全校内全部网络设备、链路的运行状态都清晰展现在拓扑图像中。

（2）设备及配置管理。校园无线设备上线后，本部分采用的网管软件 SNC 能够清晰地展现校园内 AP 的实际工作情况，实现对江苏食品药品职业技术学院全校所有热点 AP 和 AC 进行可视化的统计与管理。

校园网络管理员可以直观地掌握全网、单个 AP 或者某个热点的 AP 退服率，观测到未正常工作 AP 的时间、数量占比。同时，还能对全网超闲 AP、热点区域流量、单个 AP 的流量、关联用户数等内容进行查看统计，以此为依据进行校园无线网络的优化升级。

在校园无线设备配置上，校园网络管理员可在指定的时间完成对指定设备执行升级到指定软件版本的操作。在软件下发前，管理员需要进行保障性检查以规避可能发生的不兼容等风险，SNC 便可以完成该检测任务，对软件版本进行可用性检查、设备环境的支持程度检查等，并能够通过下发重启时间、下发重启策略等多个参数的设置对设备软件的生效情况进行限定，为软件下发任务的完成尽可能提供保障。仅需 10 分钟即可完成新建无线网络的批量配置及修改，不超过半个小时即可实现全网无线设备的配置生效，真正实现无线网络运维的高校管理目标。

（3）精细化的用户管理配置。江苏食品药品职业技术学院全校师生人数达到 1 万多人，这样就意味着全校覆盖的无线网络最多需承载的用户数就高达 1 万多人，但每个用户的身份角色不同，对于移动终端的使用偏好不同，无线业务的使用需求也不尽一样。因此，为使得在校所有用户都能够获得良好的无线网络体验，对每一位用户进行详细深入的运营管理必不可少。

本方案采用了锐捷无线网络管理系统，能够配合精细化的用户管理方案，对用户角色进行自定义，并根据设置的用户角色进行权限划分，从而实现校园内的资源访问、无线带宽的大小以及访问的业务都能够根据不同用户的不同权限进行管理控制。不仅如此，本文采用的锐捷的无线网络还能自动感知用户的终端类型、业务应用等，通过认证管理软件 SAM 进行可视化的呈现、管理。

## 7.2　虚拟局域网环境探测系统设计与实现

### 7.2.1　虚拟局域网环境探测系统分析

1. 设计原则

虚拟局域网环境探测系统是面向局域网环境服务器对的客户端主机用户操作的监测，基于 C/S 架构模式和网络数据通信协议构建的分布式监控系统。针对日常生活、工作中局域网和主机通信的特点，探索实现对局域网主机行为进行监控的基础模型，为确保局域网的合法运转提供必要的技术保障，以便及时了解和掌握局域网当中存在的威胁信息、可疑信息，从而为处理和防范提供依据，对潜在的局域网网络威胁形成震慑，以便提高局域网安全。

虚拟局域网环境探测系统包含以下特点。

（1）可行性。系统对于各种用户操作行为，需要做到能发现，能分析，能记录。系统的可行性对于一个开发者而言是为了减少不必要的麻烦而进行的必要分析，本系统通过的可行性的分析包括目标可行性与技术可行性。其中目标可行性是为了减少人力、优化管理效率。技术可行性是采用 C/S 架构，MVC 设计模式 C# 编程语言。

（2）安全性。随着科技与大数据技术的发展，个人隐私问题也越来越受到重视，进而安全性问题是所有设计与开发人员需要考虑的问题之一。由于本系统在使用过程中会涉及用户的 IP 等信息，因此，安全是该系统首先要考虑的最主要的原则。针对客户端用户系统需要具有隐秘性，并能防御来自本地用户和进程的破坏。

（3）稳定性。该系统是基于 C/S 架构模式和网络数据通信协议构建的分布式监控系统，系统需要时刻应对各种威胁，服务端更是需要的响应来自客户端的大量请求。所以必须具有高稳定性，保证系统的长期问题运转和有效监控。

（4）可靠性。应对系统崩溃等突发状况，系统需要具有自动恢复的功能。如数据出错时，数据库对数据的操作应具有回滚等机制，以确保系统的可靠。

（5）可扩展性。网络的发展越来越迅速，需要应对的威胁也越来越复杂。良好的系统框架和设计模式，能为应对将来更多新需求提供更好的扩展能力。

（6）实效性。在系统保证能够实现安全性的前提下，也面临着反应速度的问题。安全问题需要能够及时做出应对和处理，尤其是在计算机网络十分发达的今天，病毒的迅速传播已经给出了深刻的教训，所以必须保证能够迅速对各种危险做出及时的应对。设计原则会体现定时进行入侵检测备份日志及网络攻击记录，对相关敏感信息进行提取分析，并将分析后的数据进行回传。例如，入侵检测功能发现局域网中可能存在的 TCP 协议的网络攻击，那么局域网中监测和安全模块会对数据传输进行加密。另外，为了降低人为攻击系统，提高系统安全系数，相关监测安全模块传输文件及日志需要对用户身份进行鉴定，侵入行为会被记录进日志备份。从设计上来看，既做到监测入侵主机及系统的功能，还会在网络被入侵记录相应攻击痕迹，为方便管理员对备份信息做下一步分析和应对。

2. 需求分析

随着计算机和网络技术的飞速发展，局域网已经普遍建设于各类企业单位中，方便企业内外的信息交流，提升工作效率。进一步还可以加速了办公自动化和信息化建设，从而提升公司效率和效益。由于互联网具有资源共享和开放等特点，几乎无限的网络资源，存在着各种病毒与木马。局域网的主机也会受到来自外部网络的攻击和威胁，一旦某个终端主机被攻击，就会危害到整个局域网的安全。导致企业数据丢失甚至内部机密数据的泄漏，从而给企业带来重大损失。

基于以上问题，对于企业内部局域网的网络管理员而言，需要一套局域网探测系统进行局域网中计算机的监测和管理，充分发挥计算机软件的自动化优势，该系统的需求主要可以分为功能性需求和非功能性需求两大方面。

（1）功能性需求。功能性需求是指开发人员在虚拟局域网环境探测系统中必须实现的系统功能。用于保证虚拟局域网环境探测系统的业务需求与正常运行。从而实现客户与管理员的常规操作。从客户端与服务器的来说，主要包括客户端本地信息采集功能，以用于客户端主机基本信息收集；服务器与客户端的通信功能，以用于客户端网络数据包分析、网页浏览监测、邮件服务监测、服务器端即时通信控制模块；服务器的数据记录功能，以用于服务器端远程客户监控模块、局域网安全模块。

①客户端本地信息采集。主要用于实现对客户端用户访问网络或本地资源等操作行为的数据采集及分析。主要用于客户端主机基本信息收集，以方便后续服务器与客户端通信与数据记录。

②服务器与客户端的通信。服务器监听局域网内各个客户端的连接，收集客户端采集的数据。主要用于客户端网络数据包分析、网页浏览监测、邮件服务监测、服务器端即时通信控制模块，上述功能基于实现局域网正常业务基础上而进行开展。通信模块是整体架构的功能性模块，设计考虑采用进行数据加密与身份认证来确保信息安全。通信功能主要由收发数据、加密、特征获取来实现，确保局域网监测意义。收发功能实现接收数据和入侵检测的数据，同步把局域网入侵行为回传给相应安全模块。进行数据传送前会按照设定进行格式化处理，安全模块在处理后会回传格式化的数据，这样安全模块之间可以进行身份确认。加密功能，主要考虑为了防止恶意攻击，拦截相应数据进行加密操作，提高数据信息安全性。可以考虑运用 Blowfish 算法，其由 64 位数据和变长密钥加密，并运用到了加密技术，加密技术包含多轮的数学迭代过程。特征获取功能主要实现对攻击行为进行过分析，获得共性特征，构建局域网防御隐患库，强化匹配规则编写效率，以便于有针对性地记录相应入侵行为和地址。

③服务器的数据记录。服务器保存对局域网的监控历史记录。实现局域网内状况的查询和分析。主要用于服务器端远程客户监控模块、局域网安全模块。设计获取数据功能，设计考虑选取 WinPcap 来实现数据抓包功能，由于 WinPcap 本身是 Windows 数据抓包工具，专用于局域

网封包抓取，其由一个底层动态链接库、一个高层系统函数与核心包过滤器构成。核心包过滤器主要作用于协议驱动匹配筛选数据包，在局域网中承担数据抓取、研究和处理传输数据功能。总体来说，这种设计满足获取数据功能，而且能够适用于局域网系统，既做到对局域网中的入侵进行记录也可以同步进行高速计算和分析以方便下一步传输。

④虚拟局域网。根据网络安全情况进行细致划分，使用 VLAN 技术，进行灵活组网，满足需求。例如组成若干个子 VLAN，相互独立逻辑网络，并在局域网中实现互联互通，对局域网划分一般按交换机端口进行划分，可通过交换机端口将虚拟局域网划分为不同子网，虚拟子网保持独立，从而提升整体局域网的安全系数，优化网络性能。

⑤入侵检测引擎。入侵检测引擎是局域网环境检测的核心功能，其主要通过协议分析基本运行的操作和网络协议规则，对获取的数据包采用标准进行逐层分析数据类型。设计根据具体需要和数据包中的数据进行监测，做到既满足攻击检测又最大程度避免不必要的数据检索。当对局域网中数据信息进行初步过滤后，按照既定的解析要求进行规范攻击侵入匹配检测。在设计入侵检测引擎采用主流匹配规则算法，把规则和协议解析整合进行匹配，以便高效规范检测数据包。考虑引入运用 AC-BM 算法设计，通过多模式实时检测和跳跃式算法两种相结合，最大程度来提高系统的利用率，一定程度压缩比对量，该算法整合不同规则至同一模式树中，将字符串前缀进行自后向前顺序比对，模式树就会自右向左运行，有效避免出现文本字符匹配情况，从而提高效率。

（2）非功能性需求。非功能性需求一般是指在满足上述业务需求的情况下，必须具有的功能特性，实现多角度对系统的约束，通常包括安全约束，操作约束等应遵循的标准等。本系统就安全性需求易操作性需求与性能需求三个非功能提出相应的约束。

①安全性需求。系统需要具有高可靠的安全性能，保证局域网内的

计算机数据安全，同时在与外界交互时不泄露公司内部数据。在遭受到来自外界的攻击的时候，能够迅速做出反应。

②易操作性需求。系统在客户端为后台运行，并不需要操作性。但是在服务器监控端，则需要一定的易操作性。便于网络管理员快速掌握系统操作流程，准确控制客户端运行。

③性能需求。局域网内组网的实际情况复杂多样，终端主机数多，而系统承担着整个局域网安全的保障。如系统不能及时响应用户访问网络的请求，将会影响用户正常工作，给企业带来不必要的损失。因此系统需要具有可靠的性能。

3. 系统架构分析

本系统的实际应用场景为企业内部局域网。在局域网内，各个主机相对独立，能够各自访问互联网上的资源或上传本地资源，依据以上系统环境和需求分析，设计以下局域网环境下计算机监控系统，系统以 C/S 模式为主要架构，以 TCP/IP 协议连接通信，结构展示如图 7-5 所示。

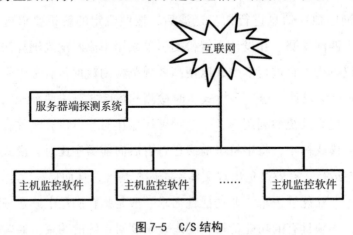

图 7-5　C/S 结构

从图 7-5 可以看到，基于 C/S 结构的局域网环境监控软件主要有两大部分组成——客户端主机监控软件和服务器端监控软件。

在虚拟局域网环境探测系统中客户端的主机监控软件主要包括：主

机基本信息收集模块、网络数据包分析模块、网页浏览监测模块与邮件服务监测模块。其作用为实现客户端本机信息的收集与反馈，并与服务器进行通信，实现对客户端主机活动的判断或操作是否合规，实时将检测信息返回到服务器端软件进行处理。同时为了保证软件的安全运行，将该软件需要后台运行并进程隐藏，保证该系统不会被用户强行结束，从而提高监测系统的可靠性。

在虚拟局域网环境探测系统中服务器端探测系统软件主要包括远程客户监控模块、即时通信模块与局域网安全模块。其作用为负责收集局域网内所有的客户端主机信息，并进行记录和表示。一旦发现局域网内某个客户端发生异常状况，立刻提醒，保证整个局域网运行在安全的环境下。此外，服务器端还管理着数据库，在数据库中定义了非法的用户操作行为、可疑网址，威胁等级等信息数据等，控制局域网内的客户端用户访问这些具有威胁的外部资源。另外数据库中的这些信息需要定期更新和维护，保证时效性。

明确客户端与服务器端之间数据的传输及处理技术是 C/S 模式，客户机 / 服务器（C/S）模式，即 Client/Server 结构。1989 年有美国麻省理工学院首先提出的设计与计算模式。在该模式中，服务器负责数据的管理，客户端负责完成与用户的交互任务。客户机指分布在各处任何连接入网的终端，接受用户的请求，并通过网络向服务器提出请求。而服务器指管理特定资源或提供特定服务，接受客户端的请求，并做出响应的终端。C/S 模式的发展经历了从两层结构到三层结构。

由最初的客户机与数据库，到现在的表示层，业务逻辑层与数据存储层。其增加业务逻辑层实现两层结构中系统伸缩性差的问题，可更好地进行交互，并支持多个数据库。

图 7-6 是三层 C/S 结构，该三层结构可以进行多个计算机的部署与使用，增强了系统结构的伸缩性。具有较高的灵活性，可对其进行多

种结构的划分，如：分布数据管理、远程数据管理和分布计算等模式架构。三层 C/S 结构可充分利用多台计算机的运算能力，实现多台电脑的协同配合，从而带来更快的反应速度，极大减少服务器与客户端的反应时间。

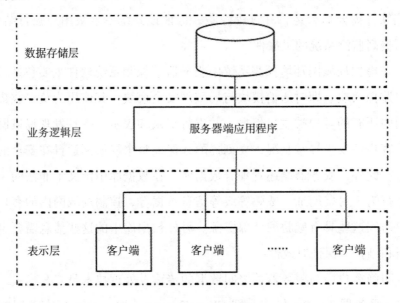

图 7-6　三层 C/S 结构

然而随着移动化和分布式越来越普及，系统越来越复杂多变。在这样的情况下，软件需要具有高可扩展性和高兼容性。同时由于客户端安装和运行情况复杂，处于局域网中的 C/S 架构更容易受到系统故障和病毒等的攻击，一旦发生宕机，有可能对整个系统的运行产生破坏。

（1）系统内部潜在问题较多。C/S 系统架构对客户端的分布要求不高，用户可以分布或分散在不同的计算机上，服务器端需要对多用户访问存在的并发操作问题进行控制。由此 C/S 系统故障率要高于单一程序。同时系统还可能存在兼容性问题，许多系统其客户端可能只支持一种或单一类型的操作系统。

（2）维护成本高，投资大。C/S 架构系统需要专门的客户端和服务端软件系统，开发部署成本大。同时系统升级维护的时候，系统的任何微小变化都需要客户端做出相应的适应性改变，这对于已经适应且相对成熟的一个 C/S 系统，这些微小的逻辑改变都导致所有客户端的改变。

（3）网络访问权限与安全性。对于安装了特定应用程序的客户端而言，其存在着受到病毒等的侵害的可能性，同时，部署在一个局域网内的所有该 C/S 架构内的客户端主机与服务器端主机都可能因该程序而受到感染。

而 C/S 架构为了改进这些缺点，并提供对分布式等的业务支持，提出将原始的二层结构模型的 C/S 模式改进为多层 C/S 架构。这是一种更为先进的协同程序模型，它将原模式中各种组件分为多层服务，每一层分别处理不同的逻辑，开发人员可以针对与每一层进行特定的开发，在一方面降低了开发人员的开发难度，更为重要的是对于使用和部署来说则更为简单和高效，用户可以只集中注意力与其交互界面的处理上，而后台的业务逻辑层则专注于处理数据的逻辑处理而不用关心如何与服务器端进行交互，由此可以帮助实现应用程序的最佳性能，提供更好的数据封装与处理，更好的安全性以及降低后期的维护成本。

## 7.2.2　虚拟局域网环境探测系统总体结构

### 1. 系统模块架构

由于局域网对象的复杂性和特殊性，系统需要具有较高的稳定性和可靠性，因此各个功能之间应当能够做到既相互协作又相互独立，不受其他功能模块的影响。同时，需要尽可能地提高系统的可扩展性和兼容性。本文结合虚拟局域网的特点，探索在虚拟局域网中可存在的违法行为，并基于此进行监控和探测基础模型的探索，为确保局域网的合法运转提供必要的技术保障。通过设计虚拟局域网环境探测系统，对虚拟局域网进行探测和监视，及时了解虚拟局域网中存在的威胁信息和可疑信息，实现信息的记录及后续分析处理，从而对潜在的网络威胁形成有力的震慑，提高局域网安全。

虚拟局域网环境探测系统主要包括两大结构七个模块，其中，客户端包括：基本信息收集模块、网络数据包监测模块、网页浏览监测模块与邮件服务监测模块；服务器端包括远程客户监控模块、即时通信控制模块与局域网安全模块。这两大结构七个模块的组织结构如图7-7所示。

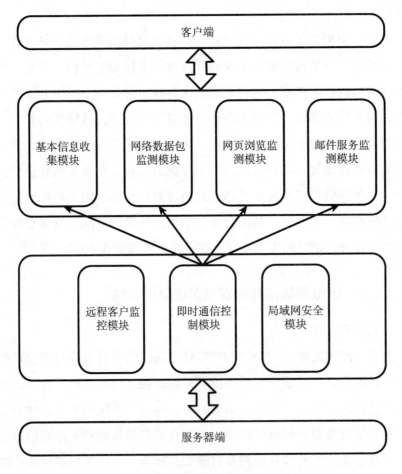

图7-7　系统模块架构

整个系统总体分为两大结构，其他七个模块分别负责实现系统中的各个功能。服务器端通过即时通信控制模块实现与客户端的即时通信与数据传输。

基本信息收集模块主要功能就是获取连接在局域网内的所有主机的基本信息，包括主机的机器名、IP 地址，MAC 地址登录用户等，通过客户端和服务器之间建立的通信管道传输到服务器，服务器端将收集到的信息保存到数据库，并在用户界面展示信息。

网络数据包监测模块是通过网络通信协议，双方数据的交换都符合和特定的数据报文格式。主要包括 TCP、UDP、ICMP、IGMP 和 IP 等通信协议，这些协议相互合作共同构成了网络通信的技术。

网页浏览监测模块是以数据包分析为基础的，只有符合安全访问站点的数据封包才能继续传输。在网页监测功能中，依靠的是数据库中存储的分级网络站点，该数据表按照已有信息存储所有限制站点信息，并按照一定级别划分，如果用户访问限制站点，则根据站点类别和严重等级进行警示或者直接锁定。

邮件服务监测模块是对邮件服务监测，需要实现两个方面的问题，一方面是对进出的网络邮件数据包进行获取和分析，保证数据安全，另一方面是定时对本公司的邮件服务器进行查看，保证机密数据及时被删除，这方面由服务器端软件实现。

远程客户监控模块包括客户端监控软件，服务器端与客户端监控软件交互的部分。监控模块主要负责的是客户端数据的收集和分析，客户端违法操作的监测，客户端及时锁定等功能。该模块是实现监控最主要的模块，直接与客户端主机的信息进行交互。该模块可以实现对客户端主机网络包的捕获与分析，监测主机网络使用状况，邮件发送信息，网络资源请求信息等，对于访问数据及时与安全模块交互，判断是否合法并采取下一步的操作。

即时通信监控模块负责客户端检测软件和服务器端软件的数据交

互。由于系统负责监测整个局域网数据的安全，所以要求能够迅速对内部主机的行为操作等数据做出反应和判断，同时客户端监测程序能够迅速将监测的数据传送回到服务器端，实现系统检测的高时效性。

局域网安全模块负责保障局域网的系统安全，实现对不良信息和危险信息的过滤，保证局域网系统的安全运转。该模块分析来自本地主机和外部互联网两端的信息，保证信息交互的安全性与可靠性，具体处理方式如图 7-8 所示。

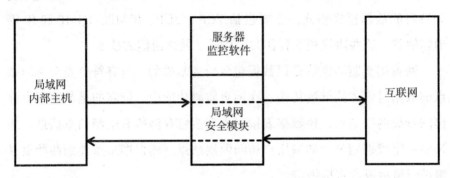

图 7-8　局域网安全处理模块

从以上结构可以看出，该模块处理以下两个方向的信息。

从局域网内部主机到外部互联网的数据传输，信息需要经过该安全模块的分析判断，包括邮件、网页浏览等信息，判断主机的操作行为是否存在可能危害企业核心数据和机密信息的可能性，对于用户主机访问中存在的可能威胁到企业信息安全的操作立刻进行警示，再进一步则锁定主机，防止出现数据泄漏、受到攻击等危险。

从外部互联网到局域网内部主机的数据传输，主要是判断此时是否存在

外部信息对内部主机的攻击行为和窃取信息的操作，对于来自匿名地址或者黑名单地址的访问请求，则直接将其拦截，对于可能存在的黑客攻击、病毒和木马等进行及时的检测，保证局域网的正确运行。

2. 客户端 / 服务器架构

本系统采用三层结构模型，表现层位于三层构架的最上层，实现用户界面功能，与用户直接接触。用于接收用户输入的数据和显示处理后用户需要的数据。而在架构上，用户界面不能直接访问数据库。图 7-9 为系统的软件架构。

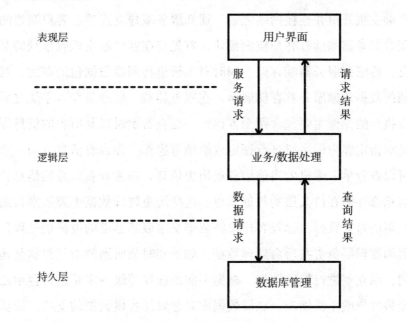

图 7-9　系统软件架构

业务逻辑层是表现层和持久层之间的桥梁。负责处理用户请求的相关业务逻辑，是整个系统的核心和关键，一方面负责与用户界面的交互，用户请求数据将发送给业务层，而业务层处理的结果也将返回给表现层；另一方面业务层负责与系统应用数据库的交互，这是其最重要也是最核心的功能，业务层根据用户请求的信息查询或者更改应用系统的数据库，同时负责处理数据库管理系统返回的请求结果。

数据层负责整个系统的数据存储和维护服务，是整个系统的底层支柱，实现数据的增加、删除、修改、查询等操作。

服务器端的用户界面提供良好的人机交互和操作逻辑，一方面按照要求为相关管理员展示收集到的信息；另一方面是可以对客户端主机发送相关的操作指令，如主机的锁定与解锁，也可以与客户端主机用户信息交流。

在服务器端首先是通过远程监控模块，等待客户端的连接。在客户端主机开机并连接网络之后，通知服务端建立连接。客户端监测软件配合服务器端远程客户监测模块，首先将在客户端主机收集到的基本信息，传输到服务器端存储。同时对主机进行网络数据包的监测，对监测到的数据传输服务器存储展示。在服务器端，管理员登入系统之后，可以执行的操作主要包含两个方面，一是查看实时以及历史的信息等，二是对指定客户端主机进行锁定或解锁等操作。在查看信息方面，管理员可以查看单一主机的当前信息或历史信息，或者查看汇总的信息，这些信息都存储在持久层的数据库里。这些历史统计数据主要是来自远程客户端的监控数据。远程客户端将数据交给服务器端的逻辑层处理，服务器端逻辑层负责在后台处理数据，如果实时侦听到的访问数据是违规访问，则立刻进行提示警报，根据不同的违规等级判定是进行警示还是直接将客户端主机锁定。底层数据库对逻辑层提供数据的支持，根据逻辑层的请求查询相关的数据，同时存储逻辑层传递的给数据库需要存储的数据信息。

在软件的结构层次上，采用经典的三层开发模式，即持久层—逻辑层—表现层三层的结构，采用这样的经典结构就是将系统的模块独立化，从而实现各个模块之间的高内聚、低耦合的开发策略。

在本系统的设计中，采用 C/S 模式的原因是考虑到监测端服务器需要对局域网内所有主机进行实时的检测和信息采集，而各个主机的操作行为又是十分复杂的，单一主机监测将会给服务器造成巨大的压力和负载，可能导致监测系统时效性降低进一步导致整个系统的失效，而 C/S

架构可以完美地解决这个问题，客户端程序将辅助检测各自主机的操作情况和信息，在监测到发生了特定行为的时候便会触发应用程序，一是可以迅速锁定主机的操作行为，二是可以将即时数据入服务器端进存储分析，从而有效地提升了系统的性能和实效性，三是系统能够提供高安全性，直接的主机行为监测会给服务器端带来未知的风险。对于每台连接互联网的主机来说，其违规操作都有可能带来各种计算机病毒、木马或者黑客入侵导致的机密信息和数据泄漏等问题，如果不采用 C/S 架构模式，就相当于直接将系统服务器暴露，无论系统中哪一台主机遭受到病毒或木马的入侵，都将会直接导致服务器瘫痪，C/S 模式避免了服务器被入侵的危险，保证了系统数据库不被外界访问，从而保证了系统的安全性。

### 7.2.3　虚拟局域网环境探测系统实现

#### 1.客户端软件的实现

客户端分析和设计部分，将软件划分了四大功能：主机基本信息收集功能、网络数据包分析功能、网页浏览监测功能和邮件服务监测功能，其中，基本信息收集功能是实现整个监测系统的基础，即首先要能够实现对局域网内所有主机基本信息的收集，才能够具体区分出各个主机的访问信息。网络数据包分析功能是网页浏览监测功能和邮件服务监测功能的基础，网络数据包是主机与外界交互的方式，实现对主机发送接收数据包的分析，才能准确的实施监测。网页浏览监测和邮件服务监测是系统监测的两大对象，是为了保证局域网系统和公司数据的安全。下面具体讲解每个模块的实现方法。

（1）基本信息收集模块。基本信息收集功能的主要功能就是获取连接在局域网内的所有主机的基本信息，包括主机的机器名、IP 地址，MAC 地址登录用户等，通过客户端和服务器之间建立的通信管道传输到服务器,服务器端将收集到的信息保存到数据库,并在用户界面展示信息。

(2)网络数据包监测模块。计算机与外界进行通信主要是通过网络通信协议,双方数据的交换都符合特定的数据报文格式。主要包括 TCP、UDP、ICMP、IGMP 和 IP 等通信协议,这些协议相互合作共同构成了网络通信的技术。依据协议发送的网络通信数据,其具体封装结构如图 7-10 所示。

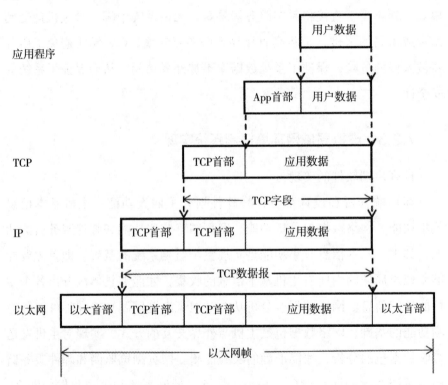

图 7-10 数据传输格式

从图 7-10 可以看出,应用程序首先确定需要传输的数据并将其封装,封装后的数据将带有应用程序的首部。封装完成后,应用程序将数据传输到 TCP 层,TCP 层按照主机应用程序发送目标和源地址信息,主程序端口号等将应用程序封装好的数据再次封装，添加上 TCP 的首部数据，此时，应用程序可选择 TCP 协议或者 UDP 协议。在 TCP/UDP 层封装好之后，将数据包传送给 IP 层，再由 IP 层对上层网络数据包进行封装，添加 IP 层首部字段，再次封装完成之后便传向网络物理卡，添加以太网首部信息，最终在网络上进行传输。

数据包依照网络通信协议在互联网际间传输，到达目标主机后，再向上进行层层解析，IP 协议根据其协议中"上层协议"字段确定传输到来的数据包使用的协议，分析出该数据包的载荷方法，然后再交给相应的协议处理。如果数据报遵从的是 TCP，UDP 协议，则继续分析 TCP/UDP 协议首部，根据协议中的端口号字段，将该数据包应该交给服务器上绑定了该端口的进程。端口号是同一台主机上识别不同进程的标识，确定数据包的最终去向，完成计算机之间的通信。

（3）网页浏览监测模块。超文本协议（Hyper Text Transfer Protocol，HTTP）超文本传输协议是一种用于分布式、协作式和超媒体信息系统的应用层协议。HTTP 是万维网的数据通信的基础。随着 HTTP 协议的发展，互联网信息的传输也变得越来越方便，网络资源也越来越丰富，由此产生的计算机病毒、木马等也依靠着互联网进行了大范围的传播，给网络安全和信息安全带来了严重的威胁。而在计算机用户工作的时候，很有可能会浏览不安全的网站信息，在不知不觉中被安装了计算机病毒或木马，给整个局域网系统带来安全威胁，同时给企业带来信息泄露的风险，由此企业局域网内终端主机网页浏览安全的监测也就显得极为重要。

如图 7-11 所示，网页浏览监测方法是以数据包分析为基础的，只有符合安全访问站点的数据封包才能继续传输。在网页监测功能中，依靠的是数据库中存储的分级网络站点，该数据表按照已有信息存储所有限制站点信息，并按照一定级别划分，如果用户访问限制站点，则根据站点类别和严重等级进行警示或者直接锁定。

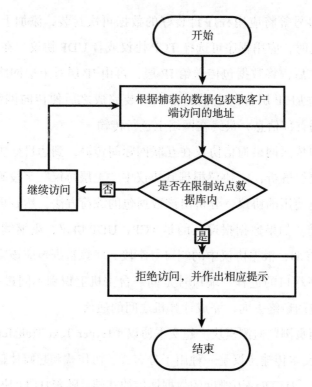

图 7-11　网页浏览监测方法

（4）邮件服务监测模块。电子邮件是工作交流和商务通信重要方式，是互联网应用最广的服务。通过网络的电子邮件系统，用户可以以非常低廉的价格、非常快速的方式传送文字、图像、声音等多种形式信息。然而邮件信息也很容易包含企业的敏感信息或机密文件，造成机密泄露的危险，由此可见邮件安全监测是多么重要。

由于软硬件成本的降低，许多企业单位都拥有自己的邮件服务器，既提升了办公效率，同时也降低了信息泄露的风险。在对于邮件服务监测的功能中，需要实现两个方面的问题，一方面是对进出的网络邮件数据包进行获取和分析，保证数据安全，另一方面是定时对本公司的邮件服务器进行查看，保证机密数据及时被删除，这方面由服务器端软件实现。

邮件监测实现机制如下。

（1）解析网络数据封包，获取数据和对应接口。

（2）定义函数 filter_datapackage（），根据收集到的所有数据包，过滤出 IP，TCP 包。

（3）调用函数 getIPAddress（），按照 IP 数据报文的格式，获取到 P 头起始地址。

（4）根据 TCP 字段信息，调用函数 getTCPAddress（）获取 TCP 头起始地址，调用函数 getTCPPort（）获取目标地址端口号。

（5）根据电子邮件协议的定义，其端口号为目的端口 25 和源端口为 110 的数据包。调用函数 filterEmailData（）获取符合条件的数据包。

（6）获得符合条件的数据之后，根据邮件头的标准格式为依据，提取邮件信息，主要是发送者、接收者、主题、内容、附件等信息。

（7）按照自定义规则对信息进行审查，判断邮件信息是否符合要求，做出处理结果。

2. 服务器端软件的实现

远程客户监控模块主要负责与客户端软件进行数据交互，客户端将收集到的信息通过网络传送到服务器端，服务器端把收集的数据存储到底层数据库中，并在用户界面根据要求展示相关信息，如查看特定客户端主机的信息、进程等。

当网络管理员登录系统端后，可以在用户界面看到局域网中当前运行的客户端主机列表，列表中展示主机的基本信息。

当选择特定主机，可以显示出操作菜单，包括文件管理、文字聊天、系统控制、修改名称、断开连接等可操作信息。

进入系统控制菜单后，显示如下界面选择，包括进程管理、窗口管理、其他控制选项分页信息。进程管理主要展示客户端主机系统中正在运行的进程信息。并且提供可以保存当前的进程列表和结束可疑进程，以便管理员关闭主机端的不合规的进程，保证客户端主机系统的安全性。

窗口管理模块主要展示主机端主机系统中当前正在运行的程序窗口，主要用于监测客户端用户是否打开了其他不合规的程序和窗口，确保其主机运行的合理合规，同样在用户界面显示窗口信息，管理员也可以选择管理不合规的窗口，对其进行关闭操作。

3. 即时通信控制模块

即时通信控制模块是实现 C/S 模式的基础，为整个系统提供客户端与服务器端通信的管道。通过这个通信管道，主要实现下面三种信息交互：客户端可以向服务端发送主机信息，服务端可以向客户端发送操作指令。客户端与服务端互相发送即时消息。

这里主要用的技术是 socket 网络编程技术。首先在服务器端创建一个 socket，初始化套接字信息，监听特定的端口号。当客户端主机登录系统后，监控程序也创建一个 socket，并向指定的服务器 IP 和监听端口发送连接请求。服务端响应请求后，为该请求分配一个新的 socket。至此双方正式建立了一个通信连接，可以向对方发数据。

利用即时消息功能，管理员既可以对当前系统内所有的主机进行消息的广播，同时也可以选择特定的主机进行消息的发送，保证及时沟通的顺畅。

当客户端收到即时消息，屏幕则会弹出一个聊天窗口，显示当前服务器端管理员发送过来的消息信息等，同时也可以通过聊天窗口给管理员回复信息，及时实现信息的交流。

服务器首先进行监听本地端口，并创建相应的套接字，持续监听直至客户端发起连接请求，此时，服务器使用回调函数实现客户端的连接，经过三次握手后，实现服务器与客户端的连接，此时双方开始数据的传输，传输结束，客户端断开连接，服务器随之关闭，结束通信。其中在进行即时通信控制时，虚拟局域网探测系统将会对 IP 包截取与解析。

4.局域网安全模块

局域网安全模块主要负责系统安全的保障作用。主要负责对数据库中基础数据的管理和为维护，为监控系统提供数据的支持。主要包括定期更新限制站点信息，以及管理员用户的维护。

核心代码：

```
public class ThreadTest {
public static void main(String[] args) {
Runnable runnable = new Runnable(){
  Count count= neW Count();
public void run(){
count. C ount();
  }
};
for(int i=0;1 < 10，i++) {
new Thread(unnable). Sart();
}
}
System. out. Println(Thread curr entThread().getName()+"－"+-
num)；
  }
```

网络的不断发展，已经极大地改变了人们的生活和工作方式。如今网络已经成为工作中必不可少的工具之一，虚拟局域网组网技术极大地方便了小型网络发展，几乎所有的公司都拥有自己的局域网系统。但是伴随着网络发展也产生了大量的信息和数据安全问题，由此给局域网带来了严重的信息安全的威胁，对公司机密信息和数据安全造成影响。而研究发现大部分信息泄露主要都是由于主机访问危险信息或下载带有病毒木马的文件，由此可见对局域网环境的监测是十分必要的。

# 参考文献

[1] 周宏博. 计算机网络 [M]. 北京: 北京理工大学出版社, 2020.

[2] 林爱武, 张采芳, 黄金刚, 等. 计算机网络 [M]. 武汉: 华中科技大学出版社, 2017.

[3] 陈文革. 计算机网络 [M]. 西安: 西安交通大学出版社, 2013.

[4] 徐雅斌, 周维真, 施运梅. 计算机网络 [M]. 西安: 西安交通大学出版社, 2011.

[5] 陆月晴. 电子信息工程中计算机网络技术的应用 [J]. 电子元器件与信息技术, 2022, 6 (4): 40.

[6] 袁炳夏. 深度学习算法下的计算机网络安全性探究 [J]. 网络安全技术与应用, 2022 (4): 39-41.

[7] 郭玉. 计算机网络安全策略与技术的分析 [J]. 科技资讯, 2022, 20 (7): 25-27.

[8] 张玲. 人工智能在计算机网络技术中的应用优势研究 [J]. 产业与科技论坛, 2022, 21 (7): 55-56.

[9] 邵华. 论医院计算机网络技术的安全威胁及对策 [J]. 数字技术与应用, 2022, 40 (3): 237-239.

[10] 金超. 物联网应用技术下计算机网络技术专业建设的探讨 [J]. 网络安全技术与应用, 2022 (3): 94-96.

[11] 王刚. 计算机网络攻防建模仿真分析 [J]. 网络安全技术与应用, 2022 (3): 10-11.

[12] 苏德. 计算机网络技术在电子信息工程中的应用探讨 [J]. 科技资讯, 2022, 20（5）: 4-6.

[13] 徐贝加. 基于大数据时代的计算机网络安全防范措施研究 [J]. 网络安全技术与应用, 2022（2）: 68-69.

[14] 陈怡凡. 计算机网络办公自动化及安全策略探究 [J]. 办公自动化, 2022, 27（4）: 6-8.

[15] 肖霞. 计算机网络数据库的安全管理技术研究 [J]. 电子元器件与信息技术, 2022, 6（1）: 240-241.

[16] 章菊广. 局域网环境背景下的计算机网络安全技术应用策略 [J]. 网络安全技术与应用, 2022（1）: 2-3.

[17] 黄佳维. 大数据时代下计算机网络管理问题及对策 [J]. 电脑知识与技术, 2022, 18（2）: 45-47.

[18] 王鑫. 大数据时代计算机网络信息安全及防护策略探讨 [J]. 中国新通信, 2022, 24（1）: 133-134.

[19] 黄晴. 局域网环境下计算机网络安全防护研究 [J]. 信息与电脑（理论版）, 2021, 33（24）: 207-209.

[20] 杨科. 云计算环境下的计算机网络安全防范研究 [J]. 软件, 2021, 42（12）: 119-121.

[21] 吴瑞. 计算机网络技术在电子信息工程中的应用方法探析 [J]. 无线互联科技, 2021, 18（23）: 28-29.

[22] 王婷. 计算机网络可靠性提高方法研究 [J]. 中国高新科技, 2021（22）: 22-23.

[23] 李文正. 新工科背景下计算机网络课程实验教学体系的研究 [J]. 高教学刊, 2021, 7（32）: 101-104.

[24] 蔡斌. 计算机网络安全技术在网络安全维护中的应用研究 [J]. 网络安全技术与应用, 2021（11）: 163-165.

[25] 李云剑. 提高计算机网络可靠性的方法探析 [J]. 现代工业经济和信息化, 2021, 11（10）: 123-125.

[26] 淦华山. 人工智能在计算机网络技术中的运用 [J]. 科技创新与应用, 2021, 11（30）: 137-140.

[27] 唐文伟.事业单位计算机网络的维护与管理探讨 [J].数字通信世界,2021（10）：251-252.

[28] 邹佳彬.顾及大数据聚类算法的计算机网络信息安全防护策略 [J].电子技术与软件工程,2021（18）：237-238.

[29] 李芳.计算机网络技术在企业信息管理中的应用实践[J].电脑知识与技术,2021,17（26）：183-184.

[30] 薛小瑞.数据时代计算机网络信息安全问题 [J].企业科技与发展,2021（9）：89-91.

[31] 赵强.基于计算机网络安全中防火墙技术的实践研究 [J].网络安全技术与应用,2021（9）：10-11.

[32] 黄春乐.计算机网络信息系统安全防护措施 [J].电子技术与软件工程,2021（17）：255-256.

[33] 董淑伟.计算机网络防火墙技术安全与对策分析 [J].中国新通信,2021,23（15）：123-124.

[34] 李小龙.大数据时代下的计算机网络安全与防范策略分析 [J].数字通信世界,2021（8）：109-111.

[35] 李玮.人工智能在计算机网络技术中的应用 [J].产业创新研究,2021（14）：42-43,46.

[36] 林森.计算机网络与信息安全的主要隐患及其管理措施 [J].科技与创新,2021（12）：129-130.

[37] 骆泓玮.计算机网络技术在人工智能中的应用分析 [J].无线互联科技,2021,18（11）：89-90.

[38] 赵振宇.大数据背景下的计算机网络信息安全及防护措施 [J].电子技术与软件工程,2021（11）：249-250.

[39] 李效渊,刘赛彬.计算机网络信息安全及其防护对策探析 [J].无线互联科技,2021,18（10）：83-84.

[40] 陈启浓.计算机网络工程现状及其对策探究 [J].电脑编程技巧与维护,2021（5）：172-173.

[41] 席攀锋.大数据时代计算机网络信息安全研究 [J].网络安全技术与应用,2021（5）：70-71.

[42] 刘思博.数据加密技术在计算机网络安全中的应用[J].无线互联科技,2021,18(9):78-79.

[43] 刘春霞,侯筱贤.浅析计算机网络技术在电子信息工程中的实践[J].信息记录材料,2021,22(5):126-128.

[44] 李翔.计算机网络工程全面信息化管理研究[J].数字技术与应用,2021,39(4):213-215.

[45] 周娟.基于大数据的计算机网络安全对策分析[J].电子技术,2021,50(4):170-171.

[46] 耿宇.计算机网络信息安全中防火墙技术的应用研究[J].石河子科技,2021(2):47-48.

[47] 陈霞.计算机网络下广播电视多媒体技术的应用分析[J].中国高新科技,2021(7):56-57.

[48] 黎飞,陈黎娟.计算机网络安全防护存在问题及解决对策[J].中国新通信,2021,23(7):125-126.

[49] 范苑花.基于计算机网络数据库安全管理技术的优化[J].电脑知识与技术,2021,17(8):37-38.

[50] 张璐明.大数据时代计算机网络信息安全及防护策略分析[J].网络安全技术与应用,2021(3):153-155.

[51] 孙北辉.人工智能在计算机网络中的应用现状分析[J].无线互联科技,2021,18(5):16-17.

[52] 彭源秋,罗国强.人工智能在计算机网络技术中的应用[J].电子技术与软件工程,2021(5):21-22.

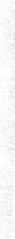